秸秆挤压膨化技术及膨化腔流道仿真研究

周立瑶　著

北　京
冶 金 工 业 出 版 社
2024

内 容 提 要

本书深入浅出地介绍了秸秆挤压膨化技术的原理，并以剖分式秸秆挤压膨化机为研究对象，基于计算机模拟技术，实现了对其流道的参数化建模与流场分析。全书共6章，主要内容包括：农作物秸秆的五种主要利用方式，挤压膨化技术的原理、应用、主要性能参数以及秸秆挤压膨化机的设计标准，运用三维软件 PRO/E 建立秸秆挤压膨化机流道的实体模型，运用 ANSYS/FLOTRAN 分析模块对秸秆挤压膨化机流道进行数值模拟，使用 Pro/TOOLKIT 二次开发功能对秸秆挤压膨化机流道参数化建模，总结秸秆挤压膨化技术和流道参数化建模及仿真分析结果。

本书可供农业科研人员、农机装备制造企业研发人员与农业技术推广人员阅读，也可供农业院校有关师生参考。

图书在版编目(CIP)数据

秸秆挤压膨化技术及膨化腔流道仿真研究/周立瑶著．—北京：冶金工业出版社，2024. 8. —ISBN 978-7-5024-9919-8

Ⅰ. S38

中国国家版本馆 CIP 数据核字第 2024107CQ4 号

秸秆挤压膨化技术及膨化腔流道仿真研究

出版发行	冶金工业出版社	**电　　话**	(010)64027926
地　　址	北京市东城区嵩祝院北巷 39 号	**邮　　编**	100009
网　　址	www. mip1953. com	**电子信箱**	service@ mip1953. com

责任编辑　夏小雪　美术编辑　吕欣童　版式设计　郑小利
责任校对　范天娇　责任印制　窦　唯
北京建宏印刷有限公司印刷
2024 年 8 月第 1 版，2024 年 8 月第 1 次印刷
710mm×1000mm　1/16；6. 75 印张；110 千字；99 页
定价 55. 00 元

投稿电话　(010)64027932　投稿信箱　tougao@cnmip. com. cn
营销中心电话　(010)64044283
冶金工业出版社天猫旗舰店　yjgycbs. tmall. com
(本书如有印装质量问题，本社营销中心负责退换)

前　言

世界上的农作物秸秆非常丰富，它是粮食以及其他经济作物生产过程中的副产物，含有大量的氮、磷、钾等成分，是一种可供开发利用的宝贵资源。国外对秸秆的利用已有较长的历史，有些国家已拥有成熟的处理技术和机械设备。我国是一个农业大国，农作物播种面积居世界第一，秸秆的年产量达7亿吨左右，其目前的处理方式大多是作为燃料或者回归到田地中，使资源没有得到很好的利用。以秸秆为原料生产燃料酒精能够很好地解决秸秆资源浪费和以粮食为原料生产酒精的成本上涨问题。在应用挤压膨化技术将秸秆膨化后制取燃料乙醇的过程中，秸秆挤压膨化机是必不可少的设备，其工作性能的提高和生产成本的降低是未来发展的趋势。

本书首先综述了农作物秸秆的利用情况，深入浅出地介绍了挤压膨化技术的原理，并对该技术的研究现状、应用和发展做了详细的分析。然后，以剖分式秸秆挤压膨化机为研究对象，基于计算机模拟技术，利用 PRO/E 参数化设计功能及其 Pro/TOOLKIT 二次开发模块、运用 ANSYS 流体力学分析功能，实现了对其流道的参数化建模与流场分析。全书共6章。第1章详细介绍了农作物秸秆的五种主要利用方式；第2章阐述了挤压膨化技术的原理、应用、主要性能参数以及秸秆挤压膨化机的设计标准；第3章运用三维软件 PRO/E，建立了秸秆挤压膨化机流道的实体模型；第4章运用 ANSYS/FLOTRAN 模块，对膨化腔的流道进行建模和分析，得出其压力、速度及温度的变化规律，进而提出优化建议；第5章利用

PRO/E 的参数化设计功能和 Pro/TOOLKIT 二次开发模块，基于 VC++ 6.0 平台，对膨化机的螺杆与机筒进行参数化设计，实现二者的参数化建模；第 6 章总结了秸秆挤压膨化技术和流道参数化建模及仿真分析结果。

本书由营口理工学院周立瑶撰写。同时，感谢营口理工学院赵凤芹教授、沈阳农业大学张祖立教授、沈阳农业大学李永奎教授等专家学者，他们在膨化机领域的研究内容和成果给予了作者很大的启发和帮助，在此表示衷心的感谢。另外，本书在撰写过程中，还参阅了国内外相关文献资料，在此向有关作者、编者表示感谢。

由于作者水平所限，书中不妥之处，希望广大读者和相关从业人员批评指正。

作　者

2024 年 4 月

目　录

1　农作物秸秆的利用

世界上的农作物秸秆非常丰富，它是粮食以及其他经济作物生产过程中的副产物，含有大量的氮、磷、钾等成分，是一种可供开发利用的宝贵资源。国外对秸秆的利用已有较长的历史，有些国家已拥有成熟的处理技术和机械设备。目前的秸秆处理利用方式主要包括饲料化、肥料化、燃料化等。

1.1　秸秆饲料化

秸秆饲料化是指对农作物秸秆进行粉碎加工、氨化等饲用处理。利用秸秆养殖草食动物可以使农作物秸秆变废为宝，提高秸秆的转化率，推进畜牧业向养殖生态化、资源循环利用化发展。秸秆的饲料处理技术包括物理处理法、化学处理法、生物处理法和复合处理法。

1.1.1　物理处理法

作为一种处理秸秆的有效手段，物理处理法主要通过人机操作改变其外在形态与内部结构，进而优化其口感，提升动物的采食量。然而，这种方法并不能直接提升秸秆的营养价值或其消化率。物理处理主要包括机械加工、热加工和成型加工等几种技术。其中，机械加工借助先进的机械设备，将秸秆进行切碎、粉碎、揉搓等操作，以此破坏植物的化学结构，使木质素与半纤维素的共价键断裂，更易于动物咀嚼和消化。这一步骤往往作为氨化、微贮等后续处理的前期准备。热加工处理则包括热喷和膨化两种方式，主要利用蒸汽爆破或热喷效应来改变秸秆的内部纤维结构。在此过程中，秸秆的纤维细胞会被撕裂，细胞壁变得疏松，秸秆的整体物理状态得到显著改善，变得柔软并带有香气，同时降低了粗纤维和酸性洗涤纤维的含量，从而提高了其口感。成型加工则是将秸秆经过铡切、混料、高温高压等步骤，制成饼块或颗粒状的饲料。这种饲料具有防霉变、易储存、便于运输等诸多优点。实践表明，使用由秸秆制作的颗粒饲喂肉牛，可以显著缩短采食时间，提高牛的日增重。此外，饲喂试验也证实，全价草块组和玉米秸秆颗粒组的日增重和采食量均有显著提升。因此，通过压块和颗粒化处理秸秆，不仅可以提高动物的采食效率和饲料利用率，还有助于降低养殖成本。

1.1.2 化学处理法

化学处理法主要通过使用化学制剂来破坏秸秆中的粗纤维成分，从而有效弥补动物消化率不佳和营养价值低的缺陷。其主要包括氨化、碱化、氧化及复合化学处理等几种方法。

氨化处理的核心在于将氨水或尿素等溶液与秸秆进行混合处理。这一过程能够降低纤维素的晶度，提高木质素的脱除率，进而提升秸秆的粗蛋白水平，显著改善其营养价值。研究数据表明，经过氨化处理的麦秸青贮料，能够使奶牛的产奶量和乳脂率分别提升 13.47%和 2.72%。

碱化处理则是利用氢氧化钠、生石灰或熟石灰等碱性物质来破坏饲料纤维内部的化学键。这样的处理有助于反刍动物的瘤胃液更好地渗入饲料内部，发挥其微生物消化功能。酸化和氧化处理则是采用稀酸或碱性过氧化物来处理秸秆，通过破坏饲料中的纤维结构来削弱木质素分子间的共价键，从而有效提高秸秆的利用价值。然而，由于这两种处理方法的成本相对较高，通常不会单独使用，而是与其他技术相结合进行应用。

复合化学处理则集合了碱化和氨化的优势，既能提高木质素的分解效率，又能增加瘤胃微生物蛋白的合成量。例如，使用尿素、氧化钙和食盐对玉米秸秆和油菜秆进行复合处理后，其有机降解率分别提高了 15.87%和 17.9%，油菜秆的粗蛋白含量也有显著增长。在饲养试验中，经过复合化学处理的秸秆喂养的绵羊，其日增重和饲料转化效率相比对照组有了显著提升。然而，复合化学处理也有其局限性，如对化学制剂的用量和相应设备要求较高，如果处理不当，可能会引发环境污染问题，因此在推广普及方面存在一定的难度。

1.1.3 生物处理法

生物处理是秸秆饲料化利用的前沿技术，主要包括微贮、青贮与酶解等方法。其主要由微生物和纤维素分解酶来降解粗饲料中不容易被动物消化吸收的部分，产生糖、菌体蛋白等有益物质，并伴随有芳香性气味。这样的处理方式不仅提高了饲料的营养价值，还使得动物更乐于食用。

青贮技术是通过乳酸菌的发酵作用，将秸秆中的淀粉和可溶性糖转化为有机酸，同时抑制各种杂菌的繁殖，从而保持原有营养物质的完整性。这种方法有效地解决了饲草料季节性短缺的问题。研究显示，与全贮相比，采用青贮技术饲喂肉牛时的利润增长率更高，分别为71.96%和51.54%。

微贮则是在秸秆中加入特定的生物酶和菌株，通过发酵作用将木质纤维分解为乳酸和挥发性脂肪酸，从而抑制有害菌和霉菌的活动，实现长期保存的效果。在稻草和玉米秸秆中加入多种微生物菌剂，如乳酸菌、活干菌、利多菌和纤维素酶，可以显著提高秸秆的粗蛋白含量，并降低中性洗涤纤维和酸性洗涤纤维的含量。

酶处理则主要利用纤维素酶、半纤维素酶和木聚糖酶等，降解秸秆中的粗纤维成分，使其更易于动物的消化吸收。例如，利用高效秸秆纤维素酶降解真菌菌株，可以实现对纤维素、半纤维素和木质素的高效分解。目前，白腐真菌因其强大的木质素降解能力和不产生色素的优点而受到广泛应用。研究表明，白腐真菌毛柄金钱菌对长穗偃麦草的半纤维素和木质素具有显著的降解效果。然而，目前用于消解纤维素、半纤维素和木质素的菌酶类具有专一性，不同类型的酶和微生物具有不同的功效。因此，在多种微生物混合发酵秸秆技术中，并不是简单地将各菌体的功效相加，而是需要考虑到各种微生物之间的协同性、拮抗性和互补性。为了充分发挥其综合效应，还需要在今后的实践中不断探索和积累经验。

1.1.4 复合处理法

单一的秸秆饲料处理方式存在一定的缺陷，复合法巧妙地结合了物理和化学处理的优点，对秸秆进行预处理。然后，选用合适的菌株，在特定条件下对秸秆进行发酵。这一方法降低了秸秆中的纤维性物质含量，同时提高了干物质和中性洗涤纤维在瘤胃中的降解效率，从而显著改善了秸秆的适口性。经过研究发现，玉米秸秆在酸和蒸汽爆破的复合处理下，其纤维素、半纤维素和木质素的含量相较于对照组分别减少了26.44%、82.99%和35.12%。这意味着复合法在处理玉米秸秆时，能够显著地降低其纤维成分，提升饲料的营养价值。同时，氨化和微贮后的小麦秸秆，在不同比例的组合下，其粗蛋白含量均明显高于对照组。这进一步证明了复合法在改善秸秆营养价值方面的有效性。此外，常规青贮和膨化玉米秸秆的营养成分在延边黄牛瘤胃中的吸收率，显著高于常规黄贮玉米秸秆饲料。这一发现表明，复合法处理的秸秆不仅能够提高饲料的消化率，还能够改善牛肉的品质，如提高牛肉的蛋白质和粗脂肪含量。综上所述，复合法处理秸秆技术结合了物理和化学处理的优点，通过发酵过程降低秸秆的纤维性物质含量，提高其营养价值，为动物饲料生产提供了新的有效途径。

1.2 秸秆肥料化

农作物秸秆中含有丰富的氮、磷、钾、镁、硫和微量元素等，利用机械或生物性处理后，将其直接还田，可以有效地改良土壤，增加肥力，降低农作物的生产成本，提高农产品的质量和产量。该技术主要包括整秆粉碎还田、整秆翻埋还田、根茬粉碎还田和堆沤还田等形式。

1.2.1 秸秆粉碎直接还田技术

秸秆粉碎还田技术，也称直接还田法，是一种利用机械一次性作业完成秸秆资源化利用的有效方式。该技术通过机械作业将秸秆粉碎至特定长度（8.0~10.0 cm），并同时完成旋耕灭茬，使粉碎后的秸秆随耕翻作业深埋于土中（20 cm以下），进而经过一系列的物理化学变化实现有效还田。在秸秆粉碎还田过程中，秸秆的切碎长度直接影响与土壤混拌的充分性和均匀性，因此，控制该长度数值至关重要。秸秆经过粉碎处理，能够加快其在土壤中的腐解，改善土壤的理化性质和团粒结构，增加土壤的肥力，提升土地的生产力。同时，粉碎还田技术也是稻田地常用的一种秸秆还田方式。邹德堂等人通过在东北稻田的试验研究，表明玉米秸秆粉碎翻埋还田的方式表现出较高的秸秆腐解效率，使得农作物产量提升了6.8%。而且通过连续3年的秸秆还田试验，使农作物产量的增量超过10%。此外，该技术还实现了土壤节肥10%~20%，有效减少了化肥的用量，促进了良好生态环境的形成。总之，秸秆粉碎还田技术作为一种高效、环保的秸秆资源化利用方式，在提升土壤肥力和农作物产量、减少化肥用量等方面具有显著优势，对于促进农业可持续发展和生态环境保护具有重要意义。

1.2.2 秸秆覆盖还田技术

覆盖还田技术是一种将农作物收获后的整株秸秆进行适度粉碎并直接覆盖于土壤表面的资源化利用方法。该技术要求秸秆覆盖面积达到30%以上，以确保其生态效应的有效发挥。在春季，覆盖还田后的田地可直接进行耕作播种，无须额外的土壤处理步骤。秸秆覆盖还田一定程度上减少了日照辐射强度，对地温进行有效调节，使水分蒸发减少，进而提升土壤的保水能力，提高农作物的水分利用效率。此外，该技术还能增加土壤的有机质含量，使土壤的理化性质得以改善，为农作物的生长发育提供更为有利的环境条件。同时，秸秆覆盖还能在一定程度上缓解温度变化对农作物造成的潜在伤害。蔡丽君等人在优化寒地免耕覆盖技术的研究中，发现覆盖还田技术能够显著提高土壤的固碳量。随着秸秆覆盖还田量的增加，土壤的有机碳含量以及农作物的产量均呈现出上升趋势。另有研究指出，相对于传统耕作方式，采用秸秆覆盖免耕技术可以显著提高玉米的产量，平均增产率达到3.3%。

1.2.3 秸秆堆沤腐解还田技术

秸秆堆腐还田技术是将农作物秸秆与牲畜粪尿在地面上进行混合密封，通过自然发酵转化为腐熟的有机肥料，然后施入土壤。尽管此方法具有操作简单的特点，但由于发酵温度不高，其发酵周期较长，降解效果不理想，病菌含量较高。为提高堆肥效率，实际应用中常添加高效生物菌剂等腐熟剂，以促进农作物秸秆的高温腐熟过程。这不仅使后茬农作物对营养元素的吸收更充分，还能有效杀灭害虫、寄生虫卵和杂草种子。研究表明，相对于不还田处理，小麦秸秆全量还田能够不同程度地增加土壤有机质和养分含量。杨晓东等人的研究进一步指出，在小麦秸秆全量还田的条件下，采用堆腐还田方式处理的土壤，其有效磷含量与常规还田处理相当，而有效钾和有机质含量则略高于常规还田。这种差异可能源于腐熟剂施用后土壤理化性状的改变，或是腐熟剂与下茬水稻相互作用的结果。水稻秸秆堆腐还田后，土壤中的有机质、碱解氮、有效磷和速效钾含量相较于不还田处理分别提升了4.95%、32.40%、16.73%、7.00%，土壤pH值也有所上升。此外，土壤过氧化氢酶活性相较于不还田处理提升了82.6%，脲酶活性更是提升至2.76倍。堆腐还田技术有效促进了水稻秸秆的腐解过程，改善了土壤的理化性质，进而有助于提升土壤质量。同时，该技术还能显著增加土壤中的微生物多样性，包括细菌、真菌、放线菌等。这些微生物通过分泌胞外或胞内酶，将纤维素、半纤维素和木质素分解为小分子有机物，并释放CO_2，诱导秸秆微孔结构纤维化，从而加速秸秆的分解过程。

1.2.4 秸秆炭化还田技术

秸秆炭化还田技术是一种通过干燥、粉碎秸秆，并在低氧或部分缺氧环境下实现热裂解以生成生物炭的方法。这一过程中，关键的温度控制应低于700 ℃，以确保炭化反应的有效性和生物炭的质量。生物炭作为一种高碳含量的物质，具备出色的稳定性和丰富的孔隙结构，其理化性质稳定且具有较强的吸附能力。炭化还田不仅是土壤固碳的重要途径，而且有助于促进碳中和目标的实现。经过炭化处理的秸秆，其理化性质和结构更为稳定，能够显著增强农田的肥力，进而提升作物的产量。李敏等人的研究揭示，秸秆炭化还田后，炭化处理有效降低了氮的损失率，使得水稻和油菜的氮含量分别显著提高5.79%和30.06%。这一结果不仅稳定了土壤的养分结构，还进一步证实了秸秆炭化还田在提升土壤肥力和作物产量方面的积极作用。此外，秸秆炭化还田还可作为土壤的改良剂，有助于缓解农田污染问题，促进土壤地力的恢复。在还田难度较大的地区，该技术可作为有效的补充手段。然而，目前该技术仍面临一些推广难题，如生物炭的成本较高以及操作环境要求严格等问题，这些都需要在未来的研究中加以解决。

1.3 秸秆能源化

农作物秸秆纤维中的碳含量（质量分数）在40%以上，是很好的能源物质。秸秆的能源化利用主要涉及农作物秸秆直接燃烧供热技术、农作物秸秆气化集中供气技术、农作物秸秆发酵制沼技术、农作物秸秆发电技术、农作物秸秆液化提取柴油技术、农作物秸秆制备乙醇技术等。

1.3.1 秸秆气化技术

秸秆气化技术是一种利用农作物秸秆，尤其是玉米秸秆作为原料，在缺氧环境下进行热解、还原反应处理，从而将其转化为可燃气体的技术。此过程包含干燥、裂解反应、氧化反应及还原反应四个阶段，最终生成大量秸秆燃气，经进一步处理后可应用于农户家庭取暖、发电等领域。在秸秆能源化利用过程中，秸秆气化炉是实施这一技术的关键设备。根据不同的工艺特性，气化炉可分为固定床秸秆气化炉和流化床气化炉两种类型。固定床秸秆气化炉具有内部结构简单、气化过程灰分产生量少的优点，因此在东北地区的秸秆能源化利用中得到了广泛应用。相对而言，流化床气化炉虽然具有产气率高、气化反应速度快等优势，但其内部结构复杂，对秸秆的形状和尺寸要求严苛，因此在东北地区的实际应用中较少使用。

1.3.2 秸秆沼气技术

秸秆沼气技术是指将农作物秸秆放入发酵池或设备中，使其与空气隔绝，形成厌氧环境，在一定的温度、水分和 pH 值下，利用微生物进行厌氧发酵，最终产生沼气。根据发酵工艺的不同，秸秆沼气技术分为干法、湿法两大类。由于秸秆的纤维素和木质素较高，厌氧微生物难以对其有效分解利用，因此秸秆在发酵前，需进行预处理。预处理的方法主要包括物理法、化学法、热处理法和生物法。物理法主要通过粉碎和浸泡等操作来改变秸秆的形态或结构，进而提升发酵产气率；化学法则是通过添加化学制剂（氨水或氢氧化钠等）破坏秸秆的纤维素和木质素来提高产气率，其缺点是由于使用了化学试剂，可能对环境有一定的污染；热处理法是利用高压水蒸气，通过爆破法来破坏秸秆的纤维组织，使利用率得以提高，其缺点是成本较高；生物法是利用微生物进行秸秆处理，具有成本低、效果好的优点，因此，在实际应用中广泛采用生物法进行秸秆处理。此外，在秸秆发酵过程中，添加一定的含氮素原料，会使发酵效率进一步提高。秸秆预处理完成后，投入发酵池中进行发酵。经过一段时间后，进行点火试气，验证沼气产出情况，进而投入实际使用。

1.3.3 秸秆固化技术

秸秆固化成型技术的原理是：利用压制或挤压机械设备，将经过干燥和粉碎后的秸秆进行加工，使其具有一定的形状和密度，可以用作固体燃料。秸秆经固化成型后，密度得到显著提升，可由 10~20 kg/m^{3}大幅增加到 1000~1300 kg/m^3，低位发热量超过 3000×4.1868 J/kg。因此，可作为一种有效的燃煤替代燃料。此外，固化成型后的秸秆燃料具有燃烧效率高、环境污染小的特点，显著减小了秸秆的体积，从而极大地便利了运输和储存过程。秸秆固化成型生产线工艺流程包括：秸秆收储、干燥、破碎、筛分等。

秸秆固化的第一步是原料的收集。利用机械化设备对田间分散的生物质秸秆进行高效收储至关重要，同时需确保在此过程中避免砂土、碎石等杂质的混入。杂质的存在不仅会加剧破碎与成型设备的磨损程度，还会对最终的成型效果产生不良影响。

加工成型前的干燥处理对于提高生物质成型燃料品质与生产效率具有重要意义。合理的水分含量是实现高质量成型的关键，同时也能降低能耗。由于从田间收集的秸秆原料水分含量较高，直接加工会导致能耗增加，甚至影响成型压块燃料的形成。然而，考虑到干燥设备的投资成本，多数生产线采用自然晾晒的方式对原料进行干燥处理。

秸秆的破碎处理是成型前不可或缺的重要步骤。由于生物质生长特性的差异，秸秆的尺寸存在明显变化。未经处理的秸秆由于体积过大而无法直接进行加工，因此需要通过破碎处理来调整其尺寸大小。确保生物质原料的尺寸适宜且均匀，有助于提高成型品质和设备生产效率。

原料的成型是生物质成型加工流程中的核心环节。经过预处理的生物质原料在成型设备中受到高压作用，从而实现压缩成型。成型后的生物质密度得到显著提升，并具备规则的尺寸。与未加工的生物质原料相比，成型压块燃料在运输和存储方面更为便捷，同时其燃烧特性也得到了显著改善。

1.3.4 秸秆液化技术

秸秆液化技术是通过物理、化学或生物学手段，将秸秆中的有效成分转化为醇类和可燃性油，实现秸秆资源的再利用。根据生物质液化方式的不同，主要分为直接液化、高温高压液化和微波液化三种形式。

直接液化是一种将生物质转化为液体的热化学反应过程，旨在破坏生物质原料中的大分子结构，将其有效成分转化为小分子加以利用。以秸秆生产乙醇为例，首先进行预处理和水解，将秸秆细胞壁中的碳水化合物聚合物降解为单糖，随后引入微生物进行发酵，最终将五碳糖和六碳糖转化为乙醇。在特定条件下，秸秆中的纤维素和半纤维素加水水解为单糖，再通过秸秆液化技术最大程度分离纤维素和半纤维素，最后利用微生物发酵技术将其转化为乙醇。

高温高压液化是指液化条件为在高温高压的热裂解反应过程，其特点是能耗大，对设备要求高。在秸秆制备柴油工艺中，对该技术的应用较多，它以秸秆为原料，使其在反应器中进行快速热解液化、加压催化液化，秸秆经水解、发酵、碱催化转酯化后，即可制备生物柴油。

微波液化是利用微波辐射改变外电场，使反应体系中的极性分子的极性取向发生变化，进而提高反应速度、改变反应机理的技术。首先将生物质原料放在微波能量场中，然后令微波频率进行周期性振荡，使极性分子与其他反应物分子融合，在融合过程中，会产生剧烈的碰撞和摩擦，基于动能的相互传输，最终引发整体热运动。由于生物质秸秆的主要成分属于极性分子物质，在微波能量场中吸收能量的能力较强，可以很快达到反应能级，从而实现大分子的液化。

随着石化资源的日益枯竭，利用农作物秸秆制取酒精或轻质燃油的技术已成为研究热点。在农作物秸秆制备酒精领域，巴西已处于全球领先地位，而德国则在利用秸秆制取酒精燃料和轻质燃油方面引领潮流。挪威、瑞典等欧洲国家的造纸业技术发达，他们利用纸浆废液的发酵环境，成功开发出高比例酒精的发酵工艺，推动了秸秆液化技术的持续创新。

1.3.5 秸秆发电技术

秸秆发电技术是一种利用农作物秸秆作为燃料进行发电的清洁能源利用方式。该技术基于燃烧过程的热能转化原理，将秸秆经过预处理后送入燃烧炉中，通过高温燃烧产生热能。这些热能通过锅炉中的水管使水蒸气的温度升高，形成高温高压的蒸汽。这些蒸汽随后被输送至汽轮机中，推动汽轮机转动，进而带动发电机发电，最终将热能转化为电能输出。目前，依据原料利用方式的不同，秸秆发电技术可分为秸秆直燃发电、秸秆与煤混燃发电以及秸秆气化发电。

秸秆直燃发电技术，即将秸秆直接燃烧，使其产生高压过热蒸汽，然后借助汽轮机的涡轮膨胀作用，驱动发电机发电。该过程与常规火力燃煤发电过程相似，只是把燃烧原料由煤替换成了秸秆。在秸秆燃烧方面，目前主要使用水冷式振动炉排燃烧技术和流化床燃烧技术。水冷式振动炉排燃烧技术为层燃燃烧方式，对混合秸秆燃料不适应，可能引起锅炉效率下降，影响其正常运行。流化床燃烧技术采用特殊风分配和特殊设备组织方式，对设备进行了升级，解决了层燃燃烧过程中产生的灰渣和烟气问题，使秸秆的流化燃烧与排渣过程更加顺畅，显著提升了秸秆燃烧的利用率。

秸秆与煤混合燃烧发电技术与常规燃煤发电技术基本相似，只是将原料替换为秸秆和煤的混合物。首先将秸秆与煤粉混合，然后共同输送到锅炉中进行燃烧，所产生的蒸汽借助汽轮机的涡轮膨胀作用，驱动发电机发电。秸秆与煤混合燃烧主要包括直接混合燃烧、间接混合燃烧和并联燃烧。

(1) 直接混合燃烧：在秸秆预处理阶段，将粉碎好的秸秆与煤粉充分混合，然后输入锅炉燃烧。

(2) 间接混合燃烧：首先利用气化炉将秸秆气化，然后把产生的燃气输送至锅炉燃烧。

(3) 并联混合燃烧：将秸秆和煤分别置于不同的锅炉中燃烧，两个锅炉产生的蒸汽同时供给汽轮机发电机。

秸秆气化发电是在秸秆原料不完全燃烧的条件下，让其发生反应，使它裂解为较低分子量的气体燃料（如 CO、CH_4 等)。然后，将转化后的可燃气体输送给内燃机、小型燃气轮机或燃气轮机等，驱动发电机发电。这些技术在推动清洁能源利用和可持续发展方面具有重要意义，未来随着技术的进步和应用的推广，有望为能源领域带来更为广阔的前景。

1.3.6 秸秆乙醇技术

玉米秸秆类生物质主要由纤维素、半纤维素和木质素三大成分构成。其中，木质素作为一种复杂的芳香型高聚物，其无定形结构和由苯丙烷基及其衍生结构单元组成的特性，使它在生物质转化过程中具有特殊的地位。纤维素和半纤维素作为玉米秸秆中的主要碳水化合物组分，具有降解转化为葡萄糖等小分子糖类的潜力，进而可作为生物乙醇转化的前体物质。然而，木质素的存在不仅自身无法进行转化，还成为阻碍纤维素单体糖释放的顽固因素。

在玉米秸秆生物质微生物转化为生物乙醇的过程中，预处理、酶解糖化和发酵是三个关键步骤。在这一转化链中，木质纤维素的酶解过程受到多种因素的制约，包括纤维素的结晶度、聚合度、可及表面积以及木质素含量等。特别是，木质素在纤维素类生物质中形成的保护性屏障，不仅在空间上阻碍了纤维素酶与纤维素的有效接触，还可能导致纤维素酶与木质素之间的非生产性无效结合，进而降低纤维素酶的活性，限制纤维素单糖的转化效率。针对上述问题，大量研究致力于探索有效的木质素脱除预处理技术手段。这些技术旨在通过改变木质纤维素的结构和化学成分，打破木质素的密封性，降低其聚合度以及抗性和不透性等特性，从而提高水解效率及后续的乙醇产率。

1.4 秸秆工业化

农作物秸秆是一种工业制品的原料，在当前木材纤维原料匮乏的情况下，秸秆将是非木质纤维造纸的主要原料。此外，还可以将秸秆中的纤维作为原料加工纤维密度板、植物地膜等产品。

1.4.1 秸秆造纸

我国造纸业发展迅速，但森林资源匮乏，致使纸浆及造纸工业面临严重的原料短缺问题。尽管废纸回收可在一定程度上替代化学纸浆生产，但其产量有限，且难以满足高质量纸张的生产需求。因此，寻求非木材原料以制取化学纸浆显得尤为关键。农业残留物如秸秆，在造纸领域的应用研究已取得显著进展，其作为制浆造纸的替代原料具有巨大潜力。汪泼所设计的玉米秸秆多辊压延造纸技术，不仅部分替代了传统工业用纸的生产，而且为解决秸秆原料问题、减轻环境负担及节约自然资源提供了有效途径。

秸秆清洁制浆造纸技术通过一系列技术创新，成功突破了传统造纸技术的限制，解决了纤维原料、环境保护和水资源利用等核心问题。该技术涵盖了清洁制浆、环保型草浆制品以及草浆废液转化为木质素有机肥等多项具有自主知识产权的技术成果。同时，通过实施“一草两用”策略，构建了水资源减量化、废纸液循环利用及固体废弃物回收的循环经济体系。这些举措共同促进了秸秆造纸关键技术的成功应用，为我国造纸业的可持续发展提供了有力支撑。

1.4.2 秸秆草砖

在建筑围护结构中，保温材料和保温技术的选用至关重要。优良的保温材料可以减缓热量传导、对流和辐射过程中的流动，使室内温度稳定，减少冷却和加热系统的使用时间。目前，保温材料的主流是玻璃纤维、矿棉和塑料等合成材料，这些材料不仅难以降解，而且制造过程需要消耗大量的不可再生资源。同时，产生温室气体排放，加剧气候的非自然性变化和环境污染。近年来，能源危机、全球变暖问题逐渐加剧，传统建筑材料的环境污染问题愈发严重，秸秆的优异性能使其在建筑领域的应用成为重要趋势，利用农作物秸秆制造保温材料是一条切实可行的节能减碳途径。

秸秆属于中空结构，具有密度低、导热性能优良的特点，可作为很好的绝缘材料使用。秸秆砖一般由机械压制和缠绕而成，保温性能好、能耗低，且对环境无负面影响，在建筑结构的非承重部位，可以安全使用。秸秆砖具有以下优点。

（1）经济方面：秸秆砖原料为废弃秸秆，获取容易且加工成本低，经济优势显著。建筑同样大小的房屋，相较传统砖房，秸秆砖房的成本可降低约25%。

（2）环保方面：相对传统砖的烧制，利用秸秆制砖可以减少烧制过程中的碳排放，保护环境。

总之，秸秆砖具有保温、隔音效果好、吸声能力强等优点，可适用于不同地域的房屋建筑，尤其适用于东北等寒冷地区。

1.4.3 秸秆人造板

秸秆人造板是将木材与秸秆按一定比例混合后，进行铺装、预压、热压、精细锯割、严格的卫生处理以及表面处理，最终制成结构完整且性能优越的人造板材。在物理特性方面，秸秆人造板展现出优异的加工性能，支持铣削、开洞、打槽等多种加工方式。其生产加工特性甚至超越了传统的木制胶合板，在多个领域中都展现出了替代传统木制人造板的巨大潜力。目前，秸秆人造板主要可分为：秸秆纤维板、秸秆刨花板和秸秆定向板。

秸秆纤维板包括以秸秆为原料的中高密度纤维板和以秸秆、木材为原料的草木复合纤维板两大类。中高密度纤维板的制作原理是：将麦秸或稻秸进行热磨分离，使其纤维化，然后加入脲醛树脂等胶黏剂，再进行压制，最终得到人造板材。该板材表面质量优良，应用领域广泛，极大地拓宽了秸秆在人造板领域的利用范畴。草木复合纤维板的制造原理是：利用改性的脲醛树脂将秸秆和木材黏合，经过一系列的特定工艺制造成人造板材。在生产过程方面，草木复合纤维板与纯木的中密度纤维板类似，但在原料进给、纤维研磨等环节存在一定差异。在力学性能上，草木复合纤维板与木质中密度纤维板相同，也可达到国家标准的相关指标。与秸秆中密度纤维板相比，草木复合纤维板具有制造简单、施胶量少、制造成本低等优点。在国内，南京林业大学率先开展了草木复合纤维板的研究工作，并已取得了一系列制造技术方面的专利成果。近年来，该校更是通过与多家企业展开合作，采用 1∶1 比例的秸秆和木材生产出了性能优良的草木复合纤维板产品，为秸秆纤维板的开发与应用提供了有力的技术支撑。

秸秆刨花板，也称秸秆碎料板，其制备过程涉及多个步骤。首先，需将稻麦、棉秆等秸秆原料进行切断、粉碎处理，随后进行干燥与分选，以确保原料的质量和均匀性。接着，通过施加适量的胶黏剂，进行铺装预压，最后经过热压处理和砂光等工序，方可得到成品。特别值得一提的是，当采用异氰酸酯作为胶黏剂，并借鉴木质刨花板的生产工艺时，所制得的秸秆碎料板在性能上已基本达到木质刨花板的标准要求。进入 21 世纪后，秸秆刨花板的研究取得了显著进展。全球范围内，众多国家均成功开发出了秸秆碎料板产品，不仅实现了稻秸秆、麦秸秆等常见原料的有效利用，还进一步拓展至麻秆、玉米秆、棉秆等更多种类的农作物或经济作物秸秆。这些秸秆在人造板实验室研究中展现出巨大的潜力，为秸秆资源的综合利用和人造板行业的可持续发展提供了有力支撑。

秸秆定向板的生产方法借鉴了木质定向板的工艺，其核心原料为麦秸或稻秸。利用专用机械，这些原料被加工成特定长度（通常为 80~100 mm）

的秸秆段，即秸秆纤维束。然后，通过施加胶黏剂并进行定向铺装，再经热压工艺，最终制得具有特定结构的人造板材。尽管此类产品的物理和力学性能与木质刨花板相近，但由于当前生产技术的局限以及成本考量，其大规模生产及应用仍主要停留在研发阶段，实际工业应用相对较少。

1.4.4 秸秆制木糖醇

木糖醇作为一种天然甜味剂，在食品、牙科及制药等多个领域均得到了广泛应用，同时它也被视为合成其他高价值化学品的理想原料。目前，市场上主流的木糖醇生产方式仍依赖于半纤维素水解物中的木糖，通过催化氢化提纯得到。然而，由于木糖提纯过程的复杂性，这种生产模式被普遍认为是低效且成本高昂的。相较于传统的高温高压催化加氢方法，从秸秆中分离提取半纤维素，并通过发酵半纤维素水解物来生产木糖醇，展现出了显著的优势。这种方法不仅原料成本低廉，能源消耗低，而且反应条件相对温和，所得产品质量上乘。鉴于秸秆的半纤维素含量与其他生物质相近，且其半纤维素水解物中木糖浓度较高，秸秆被视为木糖转化为木糖醇的理想原料。

1.5 秸秆基料化

秸秆基材料作为秸秆综合利用的关键路径，以其独特的性质和功能在农业领域发挥着重要作用。这种以秸秆为主要原料制备的有机固体基质，不仅为动植物和微生物的生长提供了优越的环境条件，还为其提供了必要的营养支持。麦秸、稻草等谷物秸秆作为牧草腐生真菌的优良碳源，通过与其他氮源如牛粪、麦麸、豆饼或米糠的协同作用，能够在适宜的环境条件下培育出美味的食用菌。农作物秸秆富含纤维素、木质素等有机成分，是栽培食用菌的理想原料。以秸秆为基质进行食用菌栽培，不仅极大地拓宽了食用菌生产的原料来源，还实现了农业资源的多层次增值。这一技术的推广和应用，不仅能够有效利用农作物秸秆，减少环境污染，还有助于增加农民收入，推动农业可持续发展。

在食用菌种植前，生产人员需对当地农作物秸秆的特性进行深入研究，通过合理的原料配比，将玉米秸秆、小麦秸秆、大豆秸秆等按一定比例粉碎，以替代传统的原木锯末，作为食用菌生长的主要基质。这种方法不仅实现了废弃农作物秸秆的再利用，降低了农民焚烧秸秆的可能性，从而改善了生态环境，而且由于秸秆的价格低廉，有助于降低食用菌的生产成本，提高经济效益，促进食用菌产业的长期稳定发展。此外，研究表明，粉碎的秸秆鳞片因其独特的物理和化学性质，更适合作为野生食用菌的生长基质，能够培育出品质更优的食用菌。

2 挤压膨化技术与设备

2.1 挤压膨化原理

膨化是对物料施以高温高压，然后减压，利用物料本身的膨胀特性和其内部水分的瞬时蒸发（闪蒸），使物料的组织结构和理化性能发生改变的一种加工技术。它分为气流膨化和挤压膨化两种。挤压膨化技术是将物料放于挤压机之中，借助螺杆的强制输送，通过压延效应和加热产生的高温、高压，使物料在机筒中被挤压、混合、剪切、熔融、杀菌和熟化等一系列复杂的连续化处理。当物料从机筒中被挤压出时，压力骤降到常压，水分急剧汽化而产生巨大的膨胀力，物料也瞬间膨化。由于挤压膨化能耗低、效率高，且适于机械化大规模生产，因此，被广泛用于油脂厂、食品厂和饲料厂的生产。

2.2 挤压膨化技术应用

2.2.1 食品加工中的应用

挤压膨化技术在食品加工领域有着广泛的应用，涵盖了谷物早餐、冲调饮品、休闲小食以及各类充填式膨化食品。这项技术极大地丰富了食品的种类，为食品原料的综合利用和创新产品的研发提供了新的途径。

食品加工工艺流程图如图 2-1 所示。

在谷物加工方面，随着人们对健康饮食的日益关注，富含膳食纤维、维生素和矿物质的谷物食品越来越受欢迎。挤压膨化技术因其连续性和易操作性，在谷物食品加工中得到了广泛应用。通过挤压膨化处理，杂粮等谷物食品的质量得到提升，口感更佳。研究表明，挤压膨化技术能显著增加稻米、

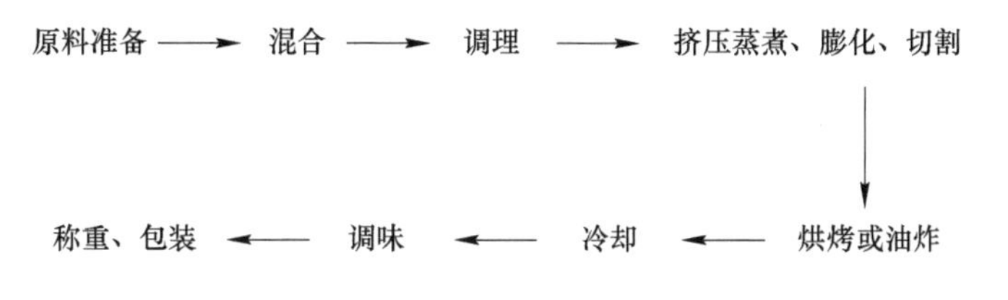

图 2-1 食品加工工艺流程图

糙米、燕麦、米粉等食品的水溶性和吸水率，降低不溶性膳食纤维和脂肪含量，同时提高可溶性膳食纤维含量。针对挤压膨化食品存在的冲调性差、黏度高、易结块等问题，研究者们通过挤压膨化与发酵技术联用等方法进行了改进，取得了显著效果。

在薯类加工中，挤压膨化技术也发挥着重要作用。薯类富含淀粉、蛋白质、膳食纤维等营养成分，具有多种健康功效。然而，传统的薯类加工技术受到物理化学特性的限制。挤压膨化技术的应用则能有效提高薯类的加工质量。例如，对马铃薯、甘薯、紫甘薯等全粉进行膨化试验，结果表明马铃薯的膨化效果最佳。同时，研究者们还以红薯、豆粕等为主要原料，研发出了新型的高营养膨化食品。

在豆类加工中，挤压膨化技术的深入应用，不仅显著提升了豆类制品的品质与功能特性，更创新了加工工艺，使得豆粕、豆渣等原料的利用率得到了大幅提高。这一技术的引入，不仅有助于资源的节约，还进一步提升了原料的经济价值。此外，挤压膨化技术在生产组织化大豆蛋白产品方面展现出巨大的潜力。它被广泛用于制作肉类食品添加剂、营养均衡剂、早餐食品、烘焙食品等多种产品，这些产品深受食品消费市场的喜爱与追捧。

在茶类加工中，挤压膨化技术也展现出了其独特的优势。王秀兰等人经深入研究发现，经过挤压膨化处理后的夏秋绿茶粉，其茶多酚、粗纤维及可溶性糖的含量均有了明显的降低。与此同时，夏秋绿茶在经受高温和压力的作用后，茶氨酸在水中的溶解度随着温度的上升而提升，这表明挤压膨化工艺有助于茶氨酸的浸出。因此，采用挤压膨化工艺不仅能够有效减轻茶叶的苦味，还进一步增强了茶叶的适用性和口感。此外，郭凤仙等人以铁观音茶渣为原料，经过预处理和碱酶法提取后，其提取率达到了（71.37 + 0.09)%，与传统的碱酶法相比，这一提取率有了显著的提升。这一成果再次证明了技术改进在茶叶资源利用方面的巨大潜力和价值。通过这些技术的运用，我们不仅能够更加高效地利用茶叶资源，还能够提升茶叶的品质和口感，为茶叶产业的可持续发展注入新的活力。

在肉制品加工方面，挤压膨化技术同样具有广泛的应用前景。挤压膨化技术可以提高产品的品质和附加值。首先，通过对肉制品的挤压膨化处理，可以改善产品的物理性质和营养特性，增加肉制品的口感和咀嚼感，使其更易于消化吸收。其次，挤压膨化技术能够节约能源和时间成本，提高生产效率。再次，该技术还可以制备出不同形状和口味的肉制品，满足消费者多样化的需求。

2.2.2 油脂浸出中的应用

油料挤压膨化浸出技术是近年来油脂制取工艺上的最大进展，油料挤压膨化机是油料挤压膨化浸出技术中的关键设备之一。油料通过喂料装置进入膨化机腔体，受螺旋叶片和剪切螺栓挤压、揉搓、剪切等机械作业，以及喷入蒸汽的湿热作用，油料与套筒外壁、机筒内壁的摩擦发热等一系列物理化学作用下，破除了油料含油细胞组织，使油料中的酶类被钝化，挤出大部分油脂，进料口源源不断输入的油料将其推出挤压模孔，此时处于1.4~4.1 MPa的高压和110~130 ℃的高温下的物料在骤降的压力及温度下，使油料水分急速从组织结构中蒸发出来，油料瞬间膨胀成型，从而形成多孔条状的疏松挤压膨化物。油料挤压膨化浸出技术的应用，不仅提高了油脂制取的效率和质量，而且为油脂加工行业带来了更多的可能性。这一技术的不断创新和完善，将为整个行业带来更为广阔的发展前景和经济效益。

油脂浸出工艺流程图如图2-2所示。

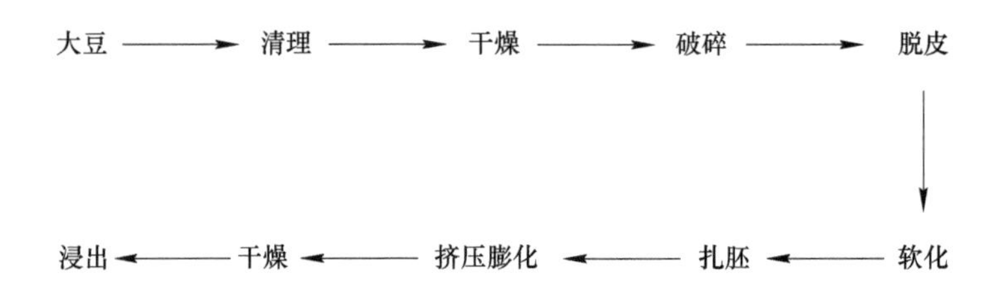

图2-2 油脂浸出工艺流程图

挤压膨化技术在油脂工业中的应用已取得了显著的成果。白兴达等人以单位功耗为指标，基于正交试验，研究了不同参数下的玉米胚挤压膨化过程，得到了玉米胚挤压膨化的最佳工艺参数，其中包括阻流环直径、轴头间隙长度、螺旋升角、螺杆旋转速度等。付懿研究了超声波、反复冻融、挤压和压力均匀四种破壁方式对微藻油脂中的脂肪酸的影响，探讨了不同破壁方式下的微藻油脂浸出率和脂肪酸的变化情况，发现在 110 ℃下，挤压破壁法可以将粉体细胞壁和细胞膜能充分粉碎，进而获得较高的提油率，即更易于提取饱和脂肪酸，证明了挤压破壁法的提取效果优于超声波破壁法。齐宝坤通过研究大豆挤压膨化处理后的内部变化，发现其 α-螺旋、Β-折叠结构有所减少，而 Β-转角和不规则卷曲等结构则有所增加，说明挤压膨化可以使大豆中的氢键断裂，令其有序的蛋白结构变为无序，这种变化将促进酶分解过程中的油脂释放，进而增加出油率。

2.2.3 发酵工业中的应用

挤压膨化技术特别适用于酶解和微生物利用，目前已经在酿酒、醋、酱油等行业得到了广泛应用。

在酿酒工业中，通过挤压膨化处理，原辅料的组织结构得以改变，从而增大了与酶的作用面积。这种技术能够有效处理大分子物质，如葡萄糖、麦芽糖、麦芽三糖、糊精等，使得它们在挤压膨化后能够提高发酵液的发酵量，延长发酵时间，从而提升原料的利用率。此外，挤压膨化还能促进淀粉的糊化，有利于糖化过程，相较于传统工艺，能够显著节约资源并简化酿造流程。何媛媛对高粱挤压膨化工艺进行了深入研究，发现在适宜的工艺条件下，这一技术不仅可以提高出酒率，还能改善酒的香气，并有效缩短发酵时间。申德超通过对啤酒中辅料的挤压膨化与传统蒸煮糊化进行对比，发现膨化啤酒辅料与对照相比，麦汁和醪液除糖化指标、过滤速率基本相同外，麦汁得率增加 8%，发酵时间减少 10%，糖化过程用水量减少 3%。吴德旺则研究了挤压膨化技术在乙醇发酵过程中的应用效果，结果显示，通过高温、压力、机械剪切法处理的淀粉，其糊化性能明显优于其他方法，对提高淀粉利用率具有显著作用。Kuo Chia-Hung 等人对挤压膨化工艺处理后的糙米进行了物理特性分析，结果表明，挤压膨化能够显著提高其酶解率和产率。利用挤压膨化处理的稻米进行黄酒发酵，可使乙醇含量增加 12.4%，显示出该技术在酿酒行业中的巨大潜力。

在酱油和醋生产中，挤压膨化技术具有多重功能，包括使蛋白质变性、糊化淀粉酶以及杀菌等，相较于传统的蒸煮方法，它在提高蛋白质消化率和氨基酸产率方面表现出更高的效率。孙言针对传统白汤酱油的加工工艺进行了挤压膨化技术的改良尝试。结果显示，经过挤压膨化处理的物料，其蛋白质、淀粉、脂肪和氨基酸的含量均出现了显著的下降，而淀粉的糊化率则大幅提升了 82.32%。张海静通过实验进一步优化了挤压工艺参数，她发现当挤压温度设定为 105 ℃，物料含水量控制在 34%，螺旋转速为 97 min 时，豆渣的蛋白质消化率可以达到 48.7%，相较于之前有了 47.1%的显著提升，这一数据充分证明了挤压膨化技术对大豆蛋白消化率的显著促进作用。李大锦尝试在食醋酿造中引入膨化法原料处理技术，并深入研究了膨化大米在酒精发酵和醋酸发酵过程中的工艺条件。通过实践验证，发现采用原料挤压膨化技术酿造食醋，不仅能够省去传统的调浆、液化、糖化等繁琐工序，还能有效降低 α-淀粉酶的用量，从而节省能源消耗。而且这种新工艺使得酒精发酵周期缩短了 17%，原料中淀粉的利用率相比传统工艺提高了 10.39%。同时，尽管工艺有所改变，但酿造出的食醋在风味上并无明显差异，保持了原有的独特风味。这一发现为食醋酿造行业的技术创新和效率提升提供了新的思路和方向。

酱油生产工艺流程图如图 2-3 所示。

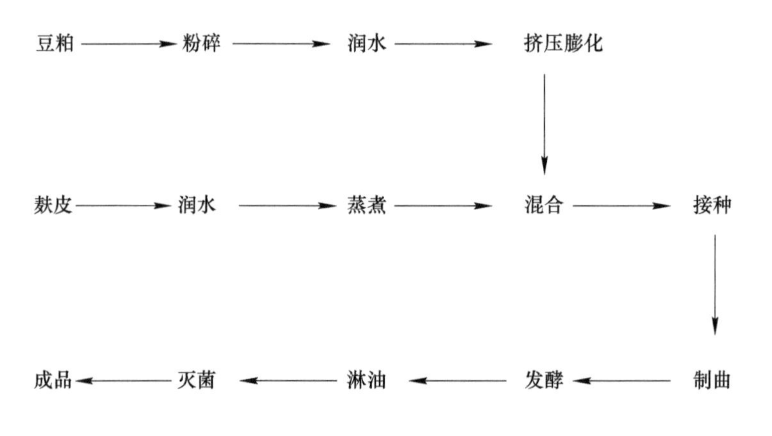

图 2-3 酱油生产工艺流程图

2.2.4 饲料生产中的应用

挤压膨化技术作为饲料加工的一种重要手段，可以对大豆粉、鱼粉、羽毛粉等饲料蛋白以及鸡粪、动物内脏废弃物和某些农副产品等进行挤压加工。在挤压膨化过程中，一些天然的抗生长因子（大豆中的胰蛋白酶抑制因子）和有毒物质（棉籽中的棉酚、田菁籽中的生物碱与鞣质等）被破坏，导致饲料劣变的酶被钝化或失活，使饲料的一些质量指标得以提高；另外，毒性成分的减少提高了蛋白酶的消化率，蛋白质的利用得到明显改善，饲料的适口性更好。可以预料，随着适用范围广泛、性能优良、多功能、全自动大型化的挤压膨化机的研制开发，挤压膨化技术在饲料生产中将得到更广泛的应用。

饲料生产工艺流程图如图 2-4 所示。

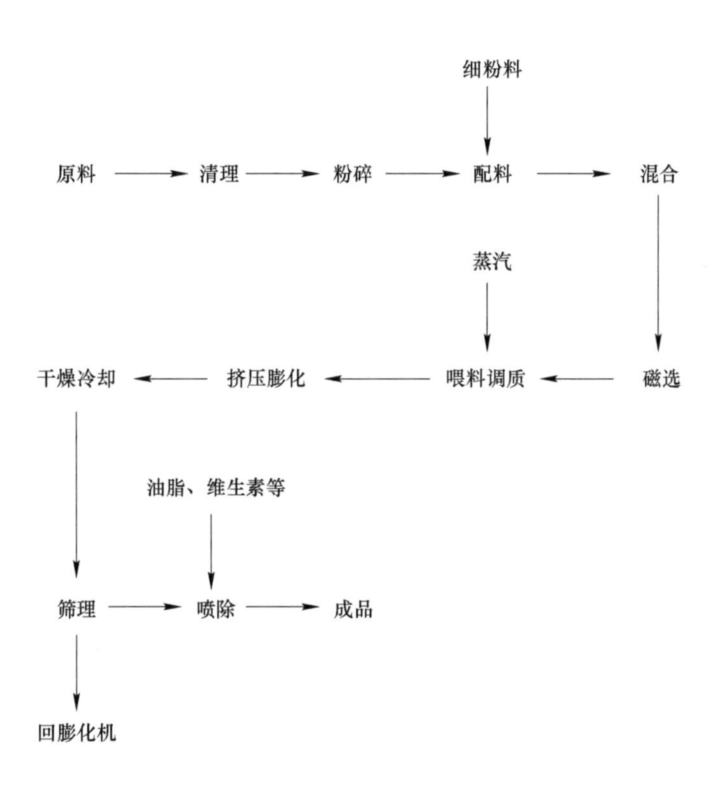

图 2-4 饲料生产工艺流程图

在畜禽饲料生产中，使用挤压膨化技术，不仅能够提高饲料的品质和营养价值，还能够促进动物的健康生长，同时减少对环境的负面影响。豆粕、菜籽粕、秸秆、麸皮等农副产品，都是畜禽饲料的优质原料。这些原料不仅富含营养，能够满足动物生长的需要，而且有助于减少对环境的负担。畜禽饲料的品质评价，主要基于其糊化度、结构特征以及营养物质的消化率等关键指标。葛春雨的研究深入探讨了不同糊化度的玉米和大料饲料对断奶仔猪生长性能的影响。他发现，当饲料糊化度超过50%时，对断奶仔猪的生长性能影响并不显著，这实际上是一种资源的浪费。廖阔遥的研究则揭示了膨化技术在饲料加工中的重要作用。他发现，膨化能够显著提高饲料的颗粒质量，增强养分的消化率，促进肠道发育和消化酶的分泌，同时促进肠道有益菌的生长。这一技术有助于降低肉兔的健康风险，提升其生长性能。缪宏等人的研究则集中在秸秆的利用上。他们发现，当秸秆的添加量达到20%时，畜牧饲料的整体品质表现尤为出色。田珍珍利用电镜观察，发现膨化后的菜粕表面变得疏松多孔。这种结构变化有助于消化酶更好地发挥作用，从而提高菜粕的消化率。周丽媛等人以黑小麦麸皮为原料，利用挤压膨化法制备可溶性膳食纤维（SDF）。他们发现，在含水量7%、螺杆转速为350 r/min、温度为150 ℃的工艺条件下，SDF的得率最高，达到16.17%。同时，这种工艺还显著改善了SDF的持水性、持油性和膨胀度，有助于增加饱腹感。Liao等人的研究则关注于挤压膨化对家兔饲料的影响。他们发现，在断奶家兔饲料加工中采用挤压膨化技术，能够有效提高饲料颗粒质量和营养物质的表观消化率。

在水产饲料生产中，利用膨化技术进行饲料加工的转化效率高，水中稳定性更好。目前，在欧洲的一些国家地区，膨化饲料已经成为主要的饲料种类。同时，国内也针对该技术开展了大量的研究。张嘉琦等人以缓沉性膨化饲料的生产为研究对象，基于单因素试验，得到了缓沉性膨化饲料生产的最优工艺条件是吨料开孔面积为450 mm^2、调质物料水分为25%、模头温度为120~130 ℃。在该条件下，膨化率可达到1.23%~1.30%，饲料下沉性能均能满足缓沉性水产膨化饲料的要求。Irungu等人研究了以麦麸向日葵饼、淡水虾、玉米胚芽的混合物为原料生产膨化鱼饲料的过程，发现当挤压膨化机的机筒温度为120 ℃、模头直径为2 mm时，所生产的饲料在漂浮性、膨胀比、耐久性、吸水指数等方面的综合表现最好。夏云帆等人研究了以番茄秸秆粉、鱼粉等为原料，利用双螺杆挤压膨化机进行饲料生产的过程。探讨了不同熔体输送温度对颗粒膨化度、质构特性、水中稳定性等饲料品质的影响。

2.2.5 其他方面的应用

挤压膨化技术除在食品、发酵、饲料等领域得到了广泛应用外，在医疗、建筑等行业也有应用。根据袁叶飞、张瑛等人多个机构和学者的研究发现：药材经膨化后，在内部组织结构和质地上，可以使内部组织空隙变大、表面积变大、质地疏松膨大；在有效成分含量方面，某些药材的有效成分溶出率提高，含量增加；在生物活性方面，某些药材有增强的表现。

2.3 挤压膨化机

自 1797 年英国的 Joseph Bramah 首次运用挤压原理研制了手动活塞压力机挤压无缝铅管之后，挤压技术经过一百多年的发展，至 1920 年，世界上诞生了第一台单螺杆挤压膨化机，主要用于热塑料挤压。1923 年，单螺杆挤压膨化机开始涉入食品加工领域并于 1935 年在美国出现。1936 年，膨化玉米挤压成功，但是至 1946 年，才有商用玉米膨化机应用于市场。20 世纪 50 年代，挤压膨化技术首先开始应用于饲料工业，主要加工宠物食品和对饲料原料进行预处理。20 世纪 60 年代，挤压机开始应用在谷物加工的预处理过程。近几十年来，英、美、法等国家已研制了各种各样的食品挤压机，随着产品的大量投产，形成了一定的市场规模。20 世纪 70 年代的欧美方便食品中，35%由食品挤压机生产。随着挤压膨化技术的不断发展，20 世纪 80 年代，该技术已成为国外发展最快的饲料加工技术，开始在饲料工业的各个领域推广应用。1984 年，日本成立了针对谷物、植物蛋白、畜产品、水产品等应用领域的双螺杆食品挤压机的开发研究组，有 26 家公司参加。据悉，目前这些国家中，大型挤压膨化机仍有超过 300 台正在使用，大多数产品的自动化水平较高。而且有的公司的挤压膨化机已经被我国引进，有的在原始设备的基础上还进行了创新，研制了满足我国市场需求的食品挤压机，并取得了良好的经济效益与社会效益。1985 年，美国新泽西州（New Jersey）州立大学与该州通用食品公司等合作，研制了试验用双螺杆挤压膨化机（见图 2-5），为了便于试验观察研究，其外壳和螺杆都是透明的，内部使用加入了示踪物的液体油充满腔体，并使用二维激光多普勒流速仪测定啮合区内的多相流、湍流和涡流。此外，还使用有限元法对物料微粒的流速进行分析，研究了食品挤压机内物料的受力、运动和流变特性，已取得一批成果。

图 2-5 试验用双螺杆挤压膨化机

近几年，国外挤压机设备制造商为了适应饲料工业尤其是水产饲料和宠物饲料加工的发展，从模头与挤压室构件的改进设计，以及从冶金技术角度改善挤压室构件的耐磨性能等方面进行了许多研究和改良创新。目前，如多螺杆式机体的结构设计与优化、螺杆啮合的理论研究、关键零部件的材料优化和加工制造工艺的提升，以及设备 PLC 电控系统的研究等。这些研究不仅促进了挤压膨化技术的发展，也使其饲料加工等行业的发展更加迅速。在世界上挤压制造技术比较发达的国家有意大利、法国、英国、美国和瑞士等，其挤压机产品主要面向食品工业以及化工企业的聚合物的合成和改性，化工类产品已达系列配套的程度。这些国家生产的挤压膨化机能够实现温度、压力、转速的自动调节和数字显示，已形成一定的规模产业。其中，美国是世界上拥有挤压技术和设备专利权较多的国家，他们生产的大型挤出机的生产能力已达到每小时 20 多吨。

我国的民间爆米花技术是将膨化技术应用于食品加工的原型。20世纪70年代后期，中国才开始对膨化食品技术和机械进行系统的研究开发，1982年，无锡轻工业大学从法国引进了一台BD-45的双螺杆挤出机，开始对挤压加工技术进行研究，先后在膨化小食品、强化谷粉、糖果和饲料、发酵酿造等方面和对变性淀粉、低聚糖、大豆组织蛋白的加工等生产应用领域以及挤压技术的机理和理论方面做了大量的科研工作，取得了很多成果，对我国挤压膨化技术的理论和应用技术的研究推广做出了贡献。1979年，北京食品研究所等单位研制小型自热式食品膨化机。20世纪80年代初，苏州第二米厂和山东食品发酵工业研究所先后研制出挤压膨化机，苏州第二米厂的健儿粉即由单螺杆挤压机生产，投放市场后较为畅销。20世纪80年代中期，国内部分企业开始引进或消化吸收德国WP、意大利MPA等公司生产的双螺杆挤压膨化机。1987年，沈再春等人研制了第一台双螺杆挤压膨化机，并对其进行了试验研究。之后，江苏工学院研究生以单螺杆挤压膨化机为研究对象，测定了其工况参数（压力、流量、转速等）和物料的线流变特性，基于相似理论设计了一试验型挤压机，推导了流量、功率等计算公式。西北农业大学研究生对单螺杆食品挤压蒸煮机进行了仿真研究，根据仿真结果，提出了针对美乐福的WMPZ-10型植物蛋白挤压机的改进建议。1996年，北京化工大学朱复华、林炳鉴和陈存社等人自行设计了可视挤压膨化机，这将中国食品挤压技术的研究手段提高了一大步。近些年以来，随着我国的挤压膨化技术日趋完善，企业生产的挤压膨化机的质量和功能得到了很大提高，如山东省济南赛信机械有限公司生产的SX3000单螺杆挤压膨化机，该机由供料系统、挤压系统和加热冷却系统等组成，能够实现加工过程的自动控制，并且可以使产品花色变化。2008年，亚洲最大的膨化挤压大豆谷物生产基地在吉林大安市金谷膨化饲料有限公司揭牌。随着挤压膨化技术在国内的推广，膨化机的需求量快速增加，与之对应的是新增了一批竞争力较强的膨化机生产厂家，如河南济源机械厂、江苏金龙食品机械厂、济南赛信机械有限公司等。这些企业之间在市场上的竞争促进了其在挤压膨化技术上的进步，为国内挤压膨化机的改进和研发起到了极大的促进作用，如济南赛信机械有限公司研制出GPS系列全膨化单螺杆膨化机和GSP系列双螺杆膨化机、牧羊集团研发出的MY系列高效双螺杆挤压膨化机等，都是国内非常具有代表性的挤压膨化机产品。

近十年来，国内部分高校和企业继续对挤压膨化设备进行了更深层次的研究，西北农林科技大学结合试验分析，对谷物膨化食品的加工参数进行了优化，江苏理工大学通过对螺杆挤压机的压力控制系统的研究，实现了对压力的合理控制；中国农业大学利用能量守恒定律，提出了单螺杆自热膨化机的功热转化方程式，为定性地分析膨化机设计提供了方便；东北农业大学采用 Smith 预估 PID 控制，实现了对血粉膨化机各区温度的有效控制；沈阳工业大学创新提出了一种三螺杆秸秆膨化机的构想，并深入探讨其空间几何理论。为了更精确地分析该机械内部的工作状态，采用有限元法对其内部的速度场、压力场以及流固耦合场进行了系统研究。该分析能够为后续三螺杆秸秆膨化机的工艺条件选择以及螺杆结构优化设计提供有力的理论支撑和实验依据。总之，在食品加工、谷物膨化机理、机器参数等各个方面都取得了一定成果。

2.3.1 挤压膨化机分类

挤压膨化设备的工作过程均是在螺杆和机筒的相对运动中完成的，但其在不同的应用领域有不同的结构组成和加热方式。按螺杆数量可分为单螺杆、双螺杆挤压膨化机与三螺杆挤压膨化机。单螺杆挤压膨化机有整体螺杆的单螺杆挤压机和多段组件螺杆的单螺杆挤压机两种机型。整体螺杆由喂料段、熔融段和成型段三段组成；多段组合螺杆由一根轴把各种结构的螺杆单元连接组成。

单螺杆挤压膨化机具有以下特点：

（1）结构简单，通常采用皮带传动方式，主轴转速恒定不可调，传动效率低、工艺操作难度大；

（2）当物料的水分或油分较高时，会因物料粘在螺杆上产生堵塞，致使物料不能输送；

（3）在高压条件下输送能力较差；

（4）对物料的混合均质效果差。

双螺杆挤压膨化机是在单螺杆挤压膨化机的基础上发展起来的，在双螺杆挤压膨化机的机筒中，并排放着两根螺杆，根据螺杆的相对位置和按螺杆转向分为非啮合同向旋转、非啮合相向旋转、啮合同向旋转、啮合相向旋转。与单螺杆膨化机相比，双螺杆挤压膨化机具有原料适应广、熟化均质效果好、同等动力下产量更高等优势，但相应地，双螺杆的投资和生产成本都比单螺杆高很多。

按热力学特性可分为自热式和外热式挤压膨化机。自热式挤压机中物料温升所需热量完全来自摩擦等机械能的转化，温度难以控制。外热式挤压机中物料除吸收机械能转化的热量外，还受其他加热装置的温度控制，膨化效果较好。外热式挤压机的加热器有三种类型。

（1）载热体加热。载热体可采用蒸汽、油、有机溶剂等物质。其采用原则是：温度低于200 ℃时，可采用矿物油加热；高于200 ℃时，一般采用有机溶剂或其混合物。蒸汽加热由于温度的压力控制较难，并且还需配备一套蒸汽发生器和蒸汽过热系统，对于多数生产厂家较难做到，因此较少采用。

（2）电阻加热。

（3）电磁感应加热。

此外，有的挤压机同时包括加热和冷却两个系统，可根据要求对物料加热和降温。

2.3.1.1 单螺杆挤压膨化机

单螺杆挤压膨化机集输送、换热、搅拌、加压、揉合及剪切等多种功能于一体，实现了包括调质、蒸煮、灭菌和膨化成型等一系列连续操作过程的集成化。主要由供料装置、调质机构、膨化机构、模板以及切刀装置等组成。设备工作过程如下：

（1）粉粒状的原料通过供料装置均匀进入调质机构；

（2）物料在调质室内进行湿度和温度的调节，在搅拌、混合的作用下，物料各部分的温度和湿度达到均匀状态；

（3）物料进入膨化腔内，腔体内设有变径、变螺距的螺杆，随着物料的前进，挤压腔的空间容积逐渐减小。

在螺杆转速保持不变的情况下，物料所受的挤压力越来越大，一般情况下，压缩比可达4~10倍。而且，物料在前进的同时，还会受到剪切、揉合和摩擦作用。此外，有的设备还在腔外设有加热装置，使用腔筒夹套内的蒸汽对物料进行间接加热，这样，物料温度就会急剧上升，使其中的淀粉发生糊化，粉粒状的原料彻底转变为熔化的塑性胶状体。这时，物料所含水分的温度很高，但由于压强较高，并不会转化为水蒸气。随着挤压腔螺杆的旋转，塑性胶状体被送至模板处。在物料从挤出模孔排出的一瞬间，外界压强迅速降低至大气压，物料内水分迅速发生物态变化，变成过热蒸汽，使体积发生膨胀，物料体积也随之膨胀。经过一段时间后，物料的水分含量和温度随着水蒸气的蒸发而降低，物化淀粉凝结，而水蒸气的离散使凝结的胶体状物料中留下了大量微孔，这就完成了物料的膨化。最后，连续挤出的片状或柱状膨化物在切刀装置的作用下被切断，进入后续处理工段如冷却、干燥和喷涂等。

单螺杆挤压膨化机膨化腔如图 2-6 所示。

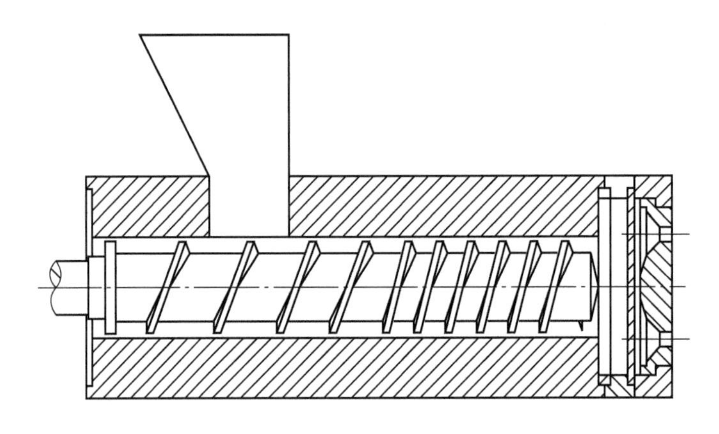

图 2-6 单螺杆挤压膨化机膨化腔

A 供料装置与调质机构

供料装置包括机体、供料螺旋与传动装置组成。调质机构与其他压粒机的桨叶式调质器相似。调质器是供料装置与膨化腔之间的关键过渡，不同的原料具有不同的固有特性和加工要求，在调质过程中，根据不同的原料，加注相应比例水分和生蒸汽，通过充分的搅拌混合，对原料的湿度和温度进行调节。一般情况下，粉粒原料的水分含量要求在 15%～30%（湿基）的范围内，温度要求在 70～98 ℃之间。随着设备运转，经过调质处理的物料被有序地送入膨化腔内，以进行后续的加工处理。

B 膨化机构

膨化机构作为螺杆式挤压膨化机的核心组成部分，主要由挤压螺杆与挤压腔筒体构成。挤压腔筒体，无论是带夹套或不带夹套的设计，均作为静态部件紧固于机座之上。螺杆则位于筒体中心，经由驱动电机通过减速箱驱动，以特定的转速旋转。物料在挤压腔内的推移、输送与排出过程，可类比于螺杆拖移泵的工作原理。具体而言，物料落入螺杆的齿槽中，在螺旋升角的作用下，随螺杆的旋转被推送至挤出口。然而，当物料完全填满齿槽并与螺杆紧密黏结时，若物料与筒体内壁的圆周摩擦力小于其与螺杆齿槽的摩擦力，将发生物料紧随螺杆旋转的滑壁空转现象，导致物料输送功能失效。为解决此问题，可在筒体内表面设置一些径向和轴向的沟槽。这些沟槽不仅会增加物料在腔体内各方向的运动阻力，有效防止滑壁空转，还能够促进挤压腔内物料的剪切与捏合作用。一般情况下，挤压腔的筒体沿轴向被分为多段，各段首先分别活套在螺杆上，然后使用螺栓与定位销将各部分连接。这种分体式设计一方面可以使零件制造更容易，另一方面有助于清除内壁的残留物料，便于零件拆装和维护。此外，可根据工艺需求，对各段夹套内的加热介质、温度及其热量传递进行独立调节。

螺杆是膨化机构以及整个膨化机的关键部件，其结构与工作参数对膨化机的工作性能有直接影响。螺杆的主要设计参数包括长径比、螺旋角、外径等。长径比是指螺杆长度与直径的比值。长径比越大，物料在膨化腔内的停留时间越长，物料的糊化越充分，有利于提高膨化质量和产量，但过大的长径比会使零件强度受到影响，且在制造方面存在一些困难，所以一般情况下的取值在 7.5：1 至 25：1 之间。螺旋角、齿形参数对膨化机产量的影响也很大。当螺杆转速一定时，齿槽和螺距越大、齿宽越小，腔内的空间容积就越大，膨化机的产量就越高。此外，压缩比也是螺杆的关键参数，反映了物料在挤压过程中的体积压缩程度，它是指进料口处筒体内壁与螺杆之间的容积与挤出口处筒体内壁与螺杆之间的容积的比值。压缩比越大，物料膨化程度越高，一般取 1~3。实际设计中，增加压缩比的方式包括增加螺杆牙底直径、减小螺距等。

根据作用和位置，螺杆沿长度方向分为喂料段、压缩段和挤出段三段。喂料段长度一般占螺杆总长的 10%~25%，主要作用是将调质好的物料向前输送。压缩段长度一般占螺杆总长的 50%，沿着物料前进方向，螺槽逐渐加深，主要起到压缩物料的作用。挤出段长度一般占螺杆总长的 15%~30%，这里的物料温度、物料压力最大。

C 成型模板

挤出成型模板通过螺栓稳固地连接在筒体末端，由于模板孔口的过流面积相较于腔内过流面积显著减小，模板在原料挤出过程中起到了关键的节流增压作用，从而在孔口前后产生了显著的压力差异。物料在通过模板孔口时得以塑化并成型。根据产品形态的不同需求，成型模的设计也呈现出多样化。复式成型模的引入，使得夹心挤压颗粒饲料的制备成为可能，这不仅改善了饲料的口感，还降低了微量饲料的损失，为饲料加工领域提供了新的路径。

D 切段机构

在连续挤出的过程中，膨化产品通过切割机构实现精确切割，形成尺寸均匀的粒段。切割机构通常由专门的切割电机驱动，通过变速装置调节割刀的旋转速度。割刀速度越快，制品粒段的长度越短，通常割刀的旋转速度控制在 500～600 r/min 的范围内。为确保切割过程的顺利进行，割刀与挤出成型模板之间保持适当的间隙，避免旋转中的割刀与模板发生碰撞或摩擦。

2.3.1.2 双螺杆挤压膨化机

双螺杆挤压膨化机的膨化机理与单螺杆相同，是在单螺杆挤压膨化机的基础上发展起来的，在双螺杆挤压膨化机的机筒中，并排安放两根螺杆，故称双螺杆挤压膨化机。在双螺杆挤压膨化机中，膨化所需要热量不只靠螺杆挤压物料产生的“应变热”，还设置有专门的外部加热和控温装置，而螺杆的主要作用是推进物料。根据螺杆的相对位置可分为啮合型与非啮合型，双螺杆挤压膨化机是啮合型还是非啮合型的主要区别是：两根平行排列的螺杆中一根螺杆的侧面螺纹曲面，是否能够完全插入另一根螺杆根部的螺槽部位，若能够完全插入螺槽根部即定义为啮合型双螺杆挤压膨化机；反之则称为非啮合型双螺杆挤压膨化机。啮合型又可分为部分啮合型和全啮合型；根据螺杆的旋向可分为同向旋转与反向旋转两类，反向旋转又可分为向内和向外两种。

双螺杆挤压膨化机膨化腔如图 2-7 所示。

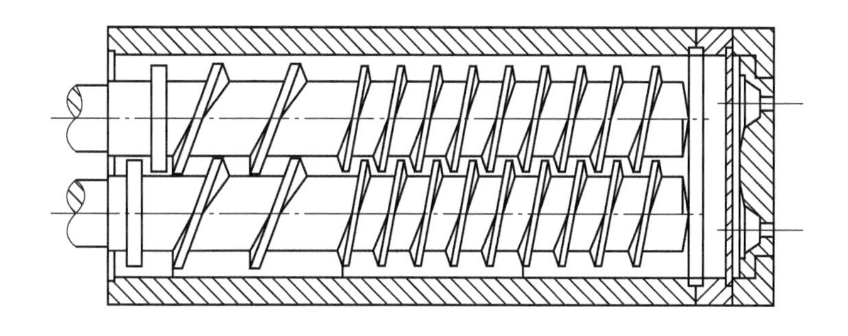

图 2-7 双螺杆挤压膨化机膨化腔

同向旋转式双螺杆挤压膨化机的特点是压力区性质不同，物料在套筒内腔受螺杆的旋转作用，产生高压区和低压区。物料将沿着两个方向由高压区向低压区流动：一是随螺杆旋转方向沿套筒内壁形成左右两个 C 形物料流，这是物料的主流；另一个是通过螺杆啮合部分的间隙形成逆流。产生逆流的原因是第一螺杆把物料带入啮合的间隙，而第二螺杆又把物料从间隙中拉出，使物料呈“∞”字形前进，改变了料流方向。逆流的产生促进了物料的混合和均化，在两根螺杆的齿槽之间产生了研磨（即剪切）与滚压作用，即压延效应，与反向螺杆压延效应相比，这个效应要小得多。压延效应越小，物料对螺杆的磨损就越小。

反向旋转双螺杆挤压膨化机的两根螺杆尺寸相同，螺纹方向相反。根据压力区的位置不同，分为向内旋转和向外旋转两种形式。向内旋转形式中，膨化腔内产生的压力为下低上高，在物料流经双螺杆时，入口处将产生很高的压力，使进料困难，所以该形式在实际中应用较少；而向外旋转形式中，膨化腔产生的压力为下高上低，进料更容易。

与同向旋转相比，反向旋转的物料在螺杆内形成的物料流无法从一根螺杆运动至另一根螺杆，所以降低了物料的混合程度，而且在自洁能力方面也稍弱。此外，由于反向旋转双螺杆的上、下位置存在压力差，会使螺杆产生侧向偏移力，在偏移力的作用下，螺杆压向机筒，使机筒和螺杆的压力增大，加速磨损。且侧向偏移力会随着转速的增加而增大，使膨化机螺杆的转速受限。而同向旋转双螺杆膨化机不存在上述偏移力，机筒与螺杆之间的磨损较小，螺杆可高速运转，进而达到较高的产量，所以同向旋转双螺杆挤压膨化机的应用更广泛。

与单螺杆挤压膨化机比，双螺杆挤压膨化机具有如下特点。

（1）应用领域广。双螺杆挤压膨化机在处理高油脂、高黏性原料时表现出色，避免了单螺杆挤压膨化机中可能出现的原料打滑问题。同时，其对原料粒度的要求较为宽松，能够处理微细至粗大的粉粒。喂料口设计允许计量加料，从而实现对物料加料速度的精确控制，为操作带来更高的灵活性和可控性。

（2）物料混合性能优良。与单螺杆挤压膨化机相比，双螺杆挤压膨化机通过两根螺杆的共同作用，使物料在流道内产生交互运动，实现更为复杂的剪切效果。这有助于物料实现出色的分散混合与分布混合，确保成品的性能一致性。此外，由于两根螺杆转速相同，所生产的制品表面光滑，颗粒整齐度稳定。

（3）具有自洁功能。在物料混合过程中，双螺杆挤压膨化机的两根螺杆间隙小，螺棱宽度也较小，使螺杆表面在转动时能够相互作用，有效清理停滞的积料，减少糊化反应的发生，确保生产的正常进行，并提高单位时间产量。

（4）设备耐用度高。由于物料流在挤压过程中具有稳定的流动特性，双螺杆挤压膨化机的螺杆与机筒内套磨损程度较低。虽然购置成本较单螺杆挤压膨化机稍高，但其更长的生产时间和更高的产品效率使长期投资回报更高，有助于企业节省开支并创造更大的产品价值。

（5）工艺过程可调性强。双螺杆挤压膨化机的螺杆设计灵活，可由不同元件组合排序构成，使一根螺杆能够具备多种功能。通过调整螺杆构型组合，可以满足不同加工原料的需求，生产出多样化的成品。这种组合螺杆构型的方法使设备在不停机的情况下即可改变挤出成品的种类和形态，操作简便，便于生产控制。

2.3.1.3 三螺杆挤压膨化机

三螺杆挤压膨化机是新兴的挤压加工设备。由于结构的独特性，使其在经济和性能上都优于双螺杆挤压膨化机。目前，三螺杆挤压膨化机的三根螺杆排列方式有“一”字排列和三根螺杆中心连线为倒三角形排列两种形式，如图 2-8 和图 2-9 所示。

“一”字排列的三螺杆挤压膨化机中，两根主螺杆等长且同向旋转，形成一字排列的核心结构。辅螺杆则相对较短，并且与中间的主螺杆非同步，

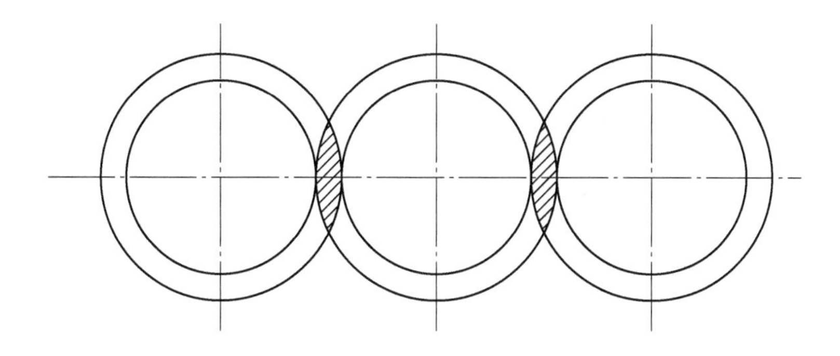

图 2-8 “一”字螺杆排列

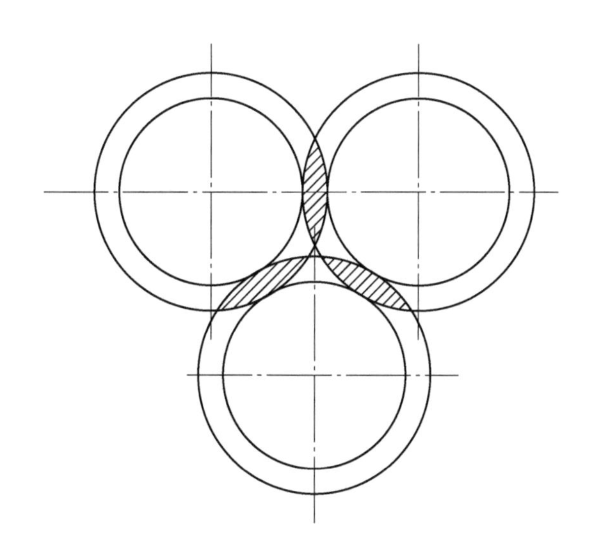

图 2-9 倒三角形螺杆排列

采用反向向内旋转的运动方式。在设计中，辅螺杆的直径可设定为主螺杆直径的相同或更大尺寸，而其转速需略高于主螺杆，以实现更为高效的物料处理。此种独特的螺杆排列方式显著扩大了进料空间，这对于处理大块物料尤为有利。其挤压、卷入等物理作用得到加强，从而增强了物料的磨碎和剪切效果。此外，此种挤压机设置了主、辅两个喂料斗，主喂料斗位于主螺杆与辅螺杆之间，辅喂料斗位于两根主螺杆的啮合部，其具体位置和数量可以根据实际需要进行设置。

倒三角形排列的挤压膨化的三根螺杆直径相等，彼此平行、同向、全啮合且主动旋转。这种排列方式能够形成三个啮合区，从而显著提升挤压混合效果。在保持加料口形状相同的情况下，与上部仅有一根螺杆的排列方式相比，上部两根螺杆的设计提供了更大的落料空间，进而提高了喂料效率。对于三螺杆挤压膨化机的性能评估，重点考虑挤出功耗和比能产量这两个关键指标。朱向哲等人的研究深入探讨了螺杆转速、螺纹头数、压力差和挤出量等因素对这两个指标的影响。研究结果表明，挤出量、转速、螺杆螺纹头数和压力差对三螺杆挤压膨化机功耗的影响程度依次递减。随着螺杆转速、流道两端压力差和挤出量的增加，三螺杆挤压膨化机的挤出功耗也随之增加，但比能产量则逐渐减小。而当螺杆螺纹头数增加时，三螺杆挤压膨化机的功耗和比能产量均呈现上升趋势。此外，在相同加工条件下，三螺杆挤压膨化机的比能产量相较于双螺杆挤压机提高了 30%，这充分展示了三螺杆挤压膨化机在产能方面的优势。

2.3.2 挤压膨化机性能指标

挤压膨化设备的主要性能指标包括生产率、耗电量、膨化率等。

（1）生产率。膨化机生产率一般用工作小时生产率表示。测量与计算方式如下：膨化机生产稳定后，于出口处接取样品，每次接取时间大于等于 5 min 或接取样品重量大于等于 100 kg，立即称重，并按 GB/T 6435 的规定测量样品的含水率。每隔 10 min 测 1 次，共测 3 次，取 3 次平均值。按下式计算纯工作小时生产率。

$$Q = \frac{3600W}{T}\left(\frac{1-M}{1-X}\right) \tag{2-1}$$

式中 Q——工作小时生产率，kg/h；

W——接取样品质量，kg；

M——样品含水率；

T——接取时间，s；

X——安全储存水分，%。

（2）耗电量。膨化机耗电量一般使用吨料电耗来表示。

$$K = 1000 \times \frac{N}{Q} \tag{2-2}$$

式中 K——吨料电耗，kW · h/t；

N——膨化机组电机总功率表读数，kW。

（3）水溶性指数（WSI）与吸水指数（WAI）。吸水指数的测定过程如下：首先，精确称量0.75 g经过挤压处理后的样品，并放入一个装有15 mL水的烧杯中，水温控制在30 ℃。然后，将烧杯放入一个水浴恒温箱中，确保温度维持在30 ℃。在此过程中，用玻璃棒轻轻搅动样品和水的混合液，持续30 min。接着，利用离心机以3000 r/min的速度对混合液进行离心处理，离心15 min后，上清液与沉淀物得以分离。最后，将上清液倒入一个恒重的称量瓶（铝盒）中，再将该称量瓶放入一个设定温度为120 ℃的烘箱中，直至上清液完全蒸发并达到恒重状态。

水溶性指数WSI和吸水指数WAI可按以下方式计算：WAI等于倾出上清液后的沉淀物质量与样品质量的比值；WSI等于上清液蒸发干后的残余物质量与样品质量的比值。

（4）膨化率。产品的膨化程度用膨化率来表示，其数值等于产品平均直径与模孔直径之比。

2.3.3 挤压膨化机工作参数

（1）喂料量。在膨化机的运行过程中，喂料量应保持在“欠喂入”状态，这意味着喂料段的螺旋叶片间隙不应被物料完全填满。随着物料进入过渡段，螺旋的根径逐渐增大，膨化腔的尺寸逐渐减小，当物料到达均质段时，螺旋叶片间隙会被物料完全填满。

（2）螺杆转速。螺杆转速是影响膨化机性能的重要因素。它直接决定了膨化腔的填充程度、物料在膨化腔内不同区域的停留时间、热传导效率以及膨化机所输入的机械能和施加给物料的力。通常，螺杆的转速范围在100~700 r/min之间。

（3）比机械能。比机械能是评价膨化机效率的一个重要指标，它表示单位产量所消耗的电能。比机械能与螺旋转速和主轴扭矩成正比，而与喂料量成反比。不同物料所需的比机械能差异显著。

（4）膨化腔温度。膨化机工作时，需要精确控制膨化腔的温度。由于传导和对流的作用，热能会从物料充满区向非充满区扩散。热交换方式不仅取决于物料的物理特性（如比热容、相变温度、湿度、密度和粒径）和流变学特性，还受到膨化机结构配置和电机功率的影响。对于直接膨化的谷物原料，随着糖分和脂肪含量的变化，膨化腔内的水分通常维持在12%~18%之间，物料温度可达 180 ℃。为防止物料过度褐变或限制蛋白变性程度，可以在膨化腔隔层内注入冷水。通过增加水分或油的含量，降低螺杆转速或改变螺旋配置，可以降低物料的温度。膨化机温度的稳定性对保证出料的连续性和产品质量至关重要。

(5) 膨化腔压力。膨化腔压力与物料的特性密切相关。一般来说，物料的黏度越大，膨化腔压力越大；膨化腔温度越高，压力也越大。膨化腔压力的增加会导致功耗增大和磨损加剧。

(6) 压模压力。压模压力对产品的成型状况有直接影响。压模压力越大，成型效果越差；而压模开空面积越大，压模压力则越小。通常，膨化机模孔内侧的压力为 2.5~4 MPa。压模压力的增加会导致膨化强度增大，闪蒸现象加剧，水分损失增大，同时功耗和压模磨损也会增加。因此，在操作过程中需要合理调节压模压力，以达到最佳的生产效果。

2.4 秸秆挤压膨化

2.4.1 秸秆挤压膨化工艺流程

秸秆挤压膨化的原理是：将秸秆加水调质后输入专用挤压机的挤压腔，依靠秸秆与挤压腔中螺套壁和螺杆之间相互挤压、摩擦作用，产生热量和压力，当秸秆被挤出喷嘴后压力骤然下降，使秸秆体积变大。膨化后使易吸收的无氮浸出物含量提高，粗纤维与酸性洗涤纤维下降，且适口性好，便于运输贮存。

秸秆挤压膨化流程图如图 2-10 所示。

2.4.2 秸秆挤压膨化机主要技术标准与规范

2.4.2.1 秸秆膨化机行业标准

秸秆膨化机行业标准（DG/T 142—2019）主要起草单位为吉林省农业机械化管理中心，规定了秸秆膨化机推广鉴定的检定内容、方法与判定准则。由中华人民共和国农业农村部于 2019 年 3 月发布，2019 年 4 月正式实施。其作业性能试验要求如下：试验动力为电动机，电压 380 V，偏差小于等于±5%；试验用生物质秸秆应选择产品使用说明书中规定的一种作物秸秆

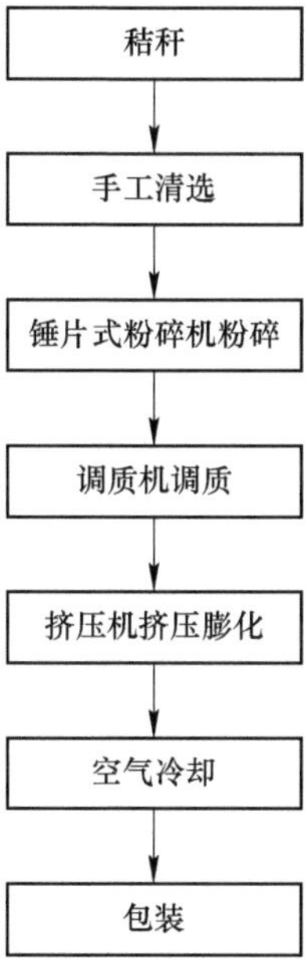

秸秆 → 手工清选 → 锤片式粉碎机粉碎 → 调质机调质 → 挤压机挤压膨化 → 空气冷却 → 包装

图 2-10 秸秆挤压膨化流程图

作为试验用生物质秸秆，可事先经过铡切或粉碎，其中应无易损坏机器的夹杂物；试验取样共进行 3 次；试验前应按产品使用说明书规定进行调整、保养。

试验方法与性能指标包括成品含水率、作业小时生产率与秸秆膨化率。

（1）成品含水率。膨化机达到正常作业状态后，首先在成品出口处接取成品不少于 30 g，待冷却至常温后，将样品装入铝盒内立即称重，记为样品 1；待第一次作业小时生产率取样完成后，重复前次取样方法，记为样品 2；待第二次作业小时生产率取样完成后，重复前次取样方法，记为样品 3。样品在（105±5）℃恒温下烘干，烘干时间为 4 h，然后称重，按下式计算。

$$K = \frac{W_s - W_g}{W_s} \times 100\% \tag{2-3}$$

式中 K——成品含水率；

W_s——烘干前秸秆质量，g；

W_g——烘干后秸秆质量，g。

（2）作业小时生产率。取含水率样品后即从膨化机喷口处接取膨化成品，每次记录接取时间不少于 20 min，立即称重，按下式计算。最后取 3 次平均值（其作业小时生产率系指膨化成品含水率为 30%时的作业小时生产率）。

$$F_C = \frac{Q_C(1 - K)}{T_C(1 - 30\%)} \tag{2-4}$$

式中 F_C——每次作业小时生产率，kg/h；

Q_C——每次接取的膨化成品质量，kg；

T_C——每次测试接取时间，h。

（3）秸秆膨化率。每次接取测定生产率的成品后，再接取不少于 500 g 的成品样进行膨化软化的分取（把其中未膨胀和软化的长度大于 5 mm 的硬秸从成品中取出），按下式计算秸秆膨化率，最后取其平均值。

$$F_L = \frac{W_1}{W_Z} \times 100\% \tag{2-5}$$

式中 F_L——秸秆膨化率；

W_1——膨化成品重，g；

W_Z——样品总重，g。

2.4.2.2 螺杆挤压式秸秆膨化机技术条件

《螺杆挤压式秸秆膨化机技术条件》（DB/T 3324—2020）主要起草单位为辽宁省农业机械化研究所、辽宁祥和农牧实业有限公司、辽宁现代农机装备有限公司、沈阳农业大学，规定了螺杆挤压式秸秆膨化机的术语和定义、技术要求、安全要求、试验方法、检验规则、标牌、成品文件、贮存与运输。由辽宁省市场监督管理局于 2020 年 10 月发布，2020 年 11 月正式实施。其中，对膨化机性能指标的要求见表 2-1。

表 2-1 膨化机主要性能指标（一）

项 目	性 能 指 标
膨化温度/℃	120～140
膨化率/%	≥95

续表 2-1

项　　目	性 能 指 标
可靠性/%	≥98
吨料电耗/kW·h·t^{-1}	≤40
纯工作小时生产率/t·h^{-1}	不低于使用说明书的规定值

膨化机性能试验要求如下。

(1) 膨化率。样机达到正常作业状态后，在出口处接取 3 次膨化样品，每次接取时间不少于 2 min 或接取质量不少于 30 kg，以秒表计时，计时开始和结束应与取样同步。称量每次接取的样品质量，再挑选出未膨化的物料，称其质量，按下式计算膨化率。记录并计算 3 次的平均值作为结果。

$$P = \frac{W - P_w}{W} \tag{2-6}$$

式中 P——秸秆膨化率；

W——样品质量，kg；

P_w——未膨化物料质量，kg。

(2) 纯工作小时生产率。每次接取样品之后，再分别接取小样不少于 30 g，待冷却至常温后，将小样装入铝盒内立即称重，小样在 (105±5)℃恒温下烘干，烘干时间为 4 h，然后称重，按下式计算出成品含水率。

$$H = \frac{W_s - W_g}{W_s} \tag{2-7}$$

式中 H——含水率；

W_s——烘干前小样质量，g；

W_g——烘干后小样质量，g。

将样品质量统一按含水率 30%折算，按下式计算纯工作小时生产率，记录并计算 3 次的平均值作为结果。

$$Q = \frac{3600W}{1000T} \tag{2-8}$$

式中 Q——纯工作小时生产率，t/h；

T——取样时间，s。

（3）吨料能耗。测定取样时间内的耗电量，按下式计算吨料能耗。记录并计算 3 次的平均值作为结果。

$$G = 1000 \times \frac{G_t}{W} \tag{2-9}$$

式中 G——吨料电耗，kW · h/t；

G_t——取样时间内耗电量，kW · h。

（4）可靠性。对试验样机进行累计作业时间 18～19 h 的生产查定。记录作业时间、样机故障情况及故障排除时间，按下式计算可靠性。

$$K = \frac{\sum T_z}{\sum T_z + \sum T_g} \times 100\% \tag{2-10}$$

式中 K——可靠性；

T_z——作业时间，h；

T_g——故障排除时间，h。

2.4.2.3 秸秆膨化机作业质量

《秸秆膨化机作业质量》（DB21/T 3148—2019）主要起草单位为辽宁省农业机械化发展中心，规定了螺杆挤压式秸秆膨化机作业的质量要求、检测方法和检验规则，适用于玉米秸秆膨化机作业的质量评定。由辽宁省市场监督管理局于 2019 年 5 月发布，2019 年 6 月正式实施。其中，对膨化机作业质量的要求见表 2-2。

表 2-2 膨化机主要性能指标（二）

项 目	性 能 指 标
小时生产率/kg · h^{-1}	不低于企业明示值
能耗/kW · h · t^{-1}	≤50
膨化率/%	≥95
噪声/dB	≤90
轴承温升/℃	≤35

膨化机性能检测要求为：作业前，在准备的物料中抽取样品，按 JB/T 9707—2013 中 4.1.8 规定检验物料水分；首先对膨化机进行不少于 10 min 的空运转，测定空载功率、电压、电流、主轴转速，检查各运转件是否工作正常、平稳；待膨化机达到正常工作状态后进行作业，作业时间不少于 1 h。

膨化机性能检测方法如下。

（1）能耗、小时生产率。作业时待调试物料全部通过进料口后，开始不间断地喂入物料，同时开始累计耗电量和作业时间。当达到规定的作业时间后，停止喂料同时停止累计耗电量和作业时间，待膨化成品排空后，称其质量（包括接取成品样品）。分别按式（2-11）和式（2-12）计算能耗、小时生产率，结果保留 1 位小数。作业开始 10 min 后，每间隔 10 min 在出口接取膨化成品样品 1 次，共接取 5 次，每次接取样品不少于 200 g。在每份样品中取约 50 g，按 JB/T 9707—2013 中 4.1.8 规定的方法检测膨化成品的水分，结果取 5 次试验平均值，保留 1 位小数。

$$Q = \frac{N(1 - 30\%)}{G(1 - H)} \times 1000 \tag{2-11}$$

式中 H——膨化成品的水分含量；

Q——能耗，kW·h/t；

N——耗电量，kW·h；

G——膨化成品质量，kg。

$$E = \frac{G(1 - H)}{T(1 - 30\%)} \times 60 \tag{2-12}$$

式中 E——小时生产率，kg/h；

T——作业时间，min。

（2）膨化率。将上节中接取的 5 份成品样品混合并称量质量。再从中检出未膨化的秸秆，并称量质量，按下式计算膨化率，结果保留 1 位小数。

$$C_c = \frac{m_1 - m_2}{m_1} \tag{2-13}$$

式中 C_c——膨化率；

m_1——成品样品质量，g；

m_2——样品中未膨化的秸秆质量，g。

（3）负荷程度。膨化机作业负荷程度按下式计算：

$$\eta_f = \frac{p_f}{p_e} \times 100 \quad (2\text{-}14)$$

式中 η_f——负荷程度；

p_f——膨化机负载输出功率，kW；

p_e——配套动力额定功率，kW。

$$p_f = \frac{N}{T} \times \eta \quad (2\text{-}15)$$

式中 η——电机效率。

（4）噪声。负载作业开始 15 min 后，进行噪声测试，噪声测定位置为膨化机中轴线的前方、后方、左侧、右侧，距膨化机表面水平距离为 1 m，距地面 1.5 m 处。用声级计测量 4 个测点的 A 计权声压级，测量时声级计的传声器应朝向膨化机，每点至少测量 3 次，测量间隔不低于 10 min，分别计算各点噪声平均值，并按表 2-3 中规定对结果进行修正。以各测点修正后最大噪声值作为测量结果，结果保留 1 位小数。

作业前，在各测点测量背景噪声。当各测点平均噪声值与背景噪声差值小于 3 dB(A) 时，测量结果无效；当各测点平均噪声值与背景噪声差值大于 10 dB(A) 时，测量结果不需修正；当各测点平均噪声值与背景噪声差值在 3～10 dB(A) 之间时，测量结果应减去修正值，噪声修正值见表 2-3。

表 2-3 噪声修正值 [dB(A)]

平均噪声值与背景噪声差值	修正值
$a=3$	3
$3<a\leqslant 5$	2
$5<a\leqslant 8$	1
$8<a\leqslant 10$	0.5
$a>10$	0

（5）轴承温升。作业结束时，测量膨化机主轴轴承座外壳温度，计算各轴承座外壳温度与环境温度差值，取最大值作为测量结果，结果保留 1 位小数。

2.4.3 秸秆挤压膨化机重点研究方向

自挤压膨化技术应用于秸秆加工以来，对秸秆挤压膨化机的研究主要集中在以下几个方面。

（1）秸秆挤压膨化机的试验研究。墨西哥学者 G. Munoz-Hernandez 提出了一种简单地得到动物饲料在膨化过程中最优条件的实验方法，并用单螺杆挤压膨化机进行实验，实验结果证实了该方法的正确性。黑龙江省畜牧机械化研究所通过对秸秆挤压膨化机的试验，改善了秸秆的理化目标。沈阳农业大学张祖立等人利用小型自热式单螺杆挤压膨化机对农作物秸秆进行膨化加工试验，将螺杆螺距、喷嘴出口间隙、秸秆物料含水率、秸秆物料粒度作为试验因素，经单因素试验和二次通用旋转组合设计试验，找出其对秸秆膨化加工性能（膨化压力、生产率、度电量等）的影响规律，并得出最佳参数组合。

（2）秸秆挤压膨化机的关键部件的受力分析。沈阳农业大学研究生邵悦通过对四种不同形式的螺杆进行模拟计算分析，在保证高产和安全的前提下，设计出了一种新型截面螺杆，并对套筒和喷嘴进行了力学有限元分析。

（3）秸秆挤压膨化机的优化设计。运用 MATLAB 软件，结合膨化过程的理论分析，沈阳农业大学王宏立等人分析了单螺杆挤压膨化机结构和工艺参数对其性能的影响，在此基础上建立了膨化机结构、工艺参数优化设计的数学模型，得到了一定条件下机器的最佳结构和工艺参数；基于 UG 和 ANSYS 软件平台，沈阳农业大学康冰完成了秸秆挤压膨化机的参数化建模和优化设计；基于大量的试验和相关分析，沈阳农业大学郭海芳建立了符合生产实际的物料膨化效果的生产模型，并进行了多目标的优化设计。

（4）秸秆挤压膨化机加热系统的研究。西南科技大学生命科学与工程学院利用自行设计的电磁感应辅助加热挤压膨化机对植物秸秆进行了膨化加工试验，试验证明，此种加热方式可以为秸秆挤压膨化加工提供稳定的高温高压条件。

（5）秸秆挤压膨化机的设计和制造。黑龙江省八一农垦大学和黑龙江省农垦科学院用理论与实验数据相结合的方法设计了 SP-25 型秸秆膨化机，确定了螺杆直径、模孔等主要参数。中国农业大学和中国农业科学院研制了 9SJP-20 型秸秆揉切挤压机，并完成了样机的设计。

3 秸秆挤压膨化腔流道的分析与建模

秸秆挤压膨化机是利用螺杆挤压方式将秸秆送入机筒中，借助螺杆与物料、物料与机筒以及物料内部的机械摩擦，物料被强烈挤压、搅拌、剪切，使物料被细化、均化，随着压力的增大，温度相应升高，在高温、高压、高剪切力的作用下，物料的物理特性发生变化；秸秆细胞间及细胞壁内各层的木质素熔化，部分氢键断裂而吸水，木质素、纤维素、半纤维素发生高温水解，秸秆由粉状变成糊状。当糊状物料从模孔喷出的瞬间，在强大压力差作用下，物料被膨化、失水、降温，产生出结构疏松、多孔、酥脆的膨化物。

3.1 挤压膨化机功热转化分析

根据中国农业大学对 EXT 单螺杆自热膨化机功热转化的分析，以物料为对象的外力做功主要包括：机筒内壁摩擦力做功；螺杆表面摩擦力做功；物料内部摩擦力做功和阻流环表面摩擦力做功。根据能量守恒定律，机内功热转化方程如式（3-1）所示，式中等号左侧分别代表外力做功，右侧表示热量增加，表 3-1 为各符号的含义。

$$\sum_{i=1}^{3}\frac{1}{120}[s_i n\phi_i f_{运}\pi(D_i+2\lambda_i)](L_i-L_{i-1})p_i+$$
$$\sum_{i=1}^{3}\frac{\pi^2 r_{di}p_i}{12\times10^4}(D_i^2-d_i^2)zn\times\tan(\alpha+\psi)+$$
$$\sum_{j=1}^{2}\frac{\pi^2 p_{阻j}}{36\times10^4}f_{阻当j}c_{阻j}n\times(D_{阻外j}^3-d_{阻内j}^3)+$$
$$\frac{\pi^3\mu_c\lambda_3L_3(D_3+2\lambda_3)^3n^2}{3600h_3^2}=(1+\xi)Qc_{物}(t_2-t_1) \tag{3-1}$$

表 3-1 符号说明

符 号	含 义
s_i	第 i 段螺距
n	螺杆转速
ϕ_i	物料的滞后系数
$f_{运}$，$f_{阻当j}$	物料和腔体内壁间的动摩擦系数，第 j 个阻流环处当量摩擦系数
D_i，d_i；$D_{阻外j}$，$d_{阻内j}$	第 i 段螺旋外径和内径；第 j 个阻流环外径和内径
λ_i	螺旋外缘和腔体内壁槽底间的径向间隙
L_i，L_{i-1}	第 i 段和第 i-1 段的起点坐标
p_i，$p_{阻j}$	第 i 段物料内平均压强，第 j 个阻流环处的压强
r_{di}	物料作用在螺旋上的力的当量半径
z	螺旋头数
α，ψ	螺旋升角，物料和螺旋表面之间的摩擦角
$c_{阻j}$	第 j 个阻流环处的利用系数
μ_c	物料的黏度
h_3	均化段螺棱高度
ξ	机筒表面散热量占加热物料热量的百分比
Q	膨化机生产率
$c_{物}$	物料比热容
t_1，t_2	进口处和出口处的物料温度

单位生产率能耗为 $(1+\xi)c_{物}(t_2-t_1)$，可以看出，单位产量的能耗只与物料和温升有关，与膨化机的结构参数无关。当物料确定时，温升是影响单位生产率能耗的唯一因素，而温升近似正比于螺杆的转速、螺旋平均直径、螺旋轴的总长以及物料与机体的平均摩擦系数，因此在设计的过程中应尽量

增大物料与机体的摩擦，在保证螺杆的长径比的情况下，增大螺旋直径和长度。

3.2 剖分式挤压膨化机结构分析

3.2.1 概况

剖分式挤压膨化机是由东北农业大学申德超教授带领的课题组研制开发的。其由电动机、小带轮、大带轮、减速器、螺杆、机筒和主轴等零件组成，动力由电动机输入，经带传动至减速器，进而带动主轴旋转，并通过键连接使螺杆做旋转运动，从而实现对谷物物料的挤压膨化，如图 3-1 所示。

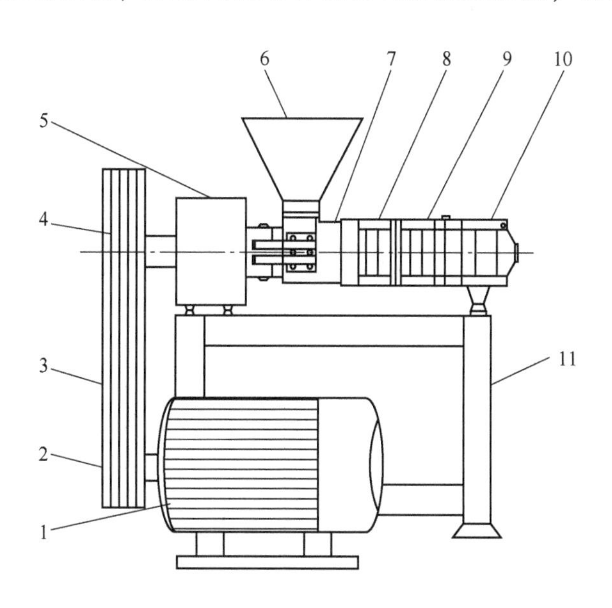

图 3-1 剖分式挤压膨化机

1—电机；2—小带轮；3—皮带；4—大带轮；5—轴承座；6—喂料斗；7—第一节套筒；8—第二节套筒；9—第三节套筒；10—第四节套筒；11—机座

沈阳农业大学赵凤芹教授在东北农业大学做博士后期间，为了完成秸秆挤压膨化，将此谷物膨化机的模头结构进行了重新设计，并利用此膨化机进行了五因素五水平的秸秆挤压膨化试验研究，考察了度电产量、生产率以及秸秆挤压膨化后的纤维含量等试验指标。图 3-2 为秸秆挤压膨化的试验照片。

图 3-2 秸秆挤压膨化机

为了更好地达到秸秆的膨化质量要求，对膨化机的关键部件进行分析和建模是非常必要的，进而为秸秆膨化机的研制提供理论基础。

3.2.2 关键部件分析

3.2.2.1 螺杆

螺杆是挤压膨化机的最重要部件，其结构和参数不仅决定挤压料膨化作用的程度，而且还决定最终产品的品质特性，直接影响着整个机器的工作性能。

组合式螺杆如图 3-3 所示，其采用了组合式螺杆的结构，螺杆由若干节套筒和轴用键连接而成。套筒可以是不同螺距、不同螺旋头数的螺套，也可以是起剪切作用的环或起搅拌作用的捏合块等。这些螺杆元件可以根据工艺要求分别设计并以一定的顺序进行组合串联，以获得具有不同特性的螺杆，达到适应物料挤压膨化的目的。

其中，第一区段螺杆组件属进料螺杆，螺槽具有较大的节距，该螺杆组件的功能是混合待挤压原料，且将其运送至下一区段的螺杆组件，在第一区

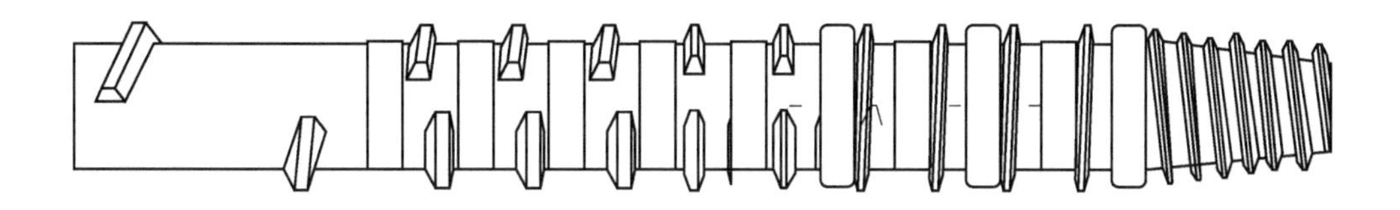

图 3-3　组合式螺杆

段内，秸秆物料仍呈不连续物料的状态存在，但由于这些物料被向前推进，因而有轻度的压缩。中间区段的螺杆，其节距较短，产生更大的混合作用和挤压作用，由于阻流环的存在，使物料被混合和运送至第三区段时，产生更大的压力。在第三区段内，随着剪切力和压力增大，产生揉和作用，同时，挤压料转变成为黏糊物质。

3.2.2.2　机筒

膨化机的机筒是与旋转着的挤压螺杆紧密配合的圆筒形构件。在挤压系统中，它是仅次于螺杆的重要零部件。它与螺杆共同组成了挤压机的挤压系统，完成对物料的输送、加压、剪切、混合等功能。

剖分式挤压膨化机的机筒结构如图 3-4 所示，该机筒的设计综合考虑了分段式机筒与组合式机筒的特点。分段式机筒的特点是：制造容易、装拆方便。机筒的分段应与螺杆的分段一致，便于因堵塞而卡死时的拆卸，缺点是连接法兰或卡箍占有一定的轴向位置，使机筒外圆表面加热元件等的安排受到限制。组合式机筒沿轴线对开，便于停机后清理和堵塞后排除故障，更有利于观察分析物料在挤压过程的变化，对于此型的机筒，要求拆装方便，密封可靠。

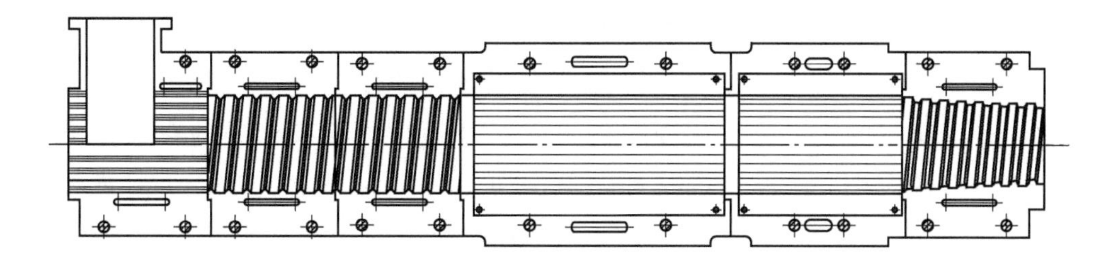

图 3-4　剖分式挤压膨化机的机筒结构

该机筒第一段内壁开有直线沟槽，主要起输送作用，第二段和第三段内壁开有螺旋沟槽，主要起推动物料和增大压力的作用，此种内壁沟槽的设计增大了物料和机体的摩擦系数，进而降低了膨化机的单位生产率能耗。

3.3 关键部件的三维实体建模

三维实体建模在虚拟设计中发挥着重要作用。三维实体使整个设计能够在计算机中查看并操纵复杂零部件、能更精确地交流设计意图、大大减少由于使用传统二维图在理解产品结构方面造成的时间和人力的浪费。

以输入方式分类，目前的三维建模的方式有三维数字化仪输入和手工输入两种。三维数字化仪价格昂贵，客观条件也不允许。所以本章的螺杆与机筒的建模是从二维图纸入手的，在深入理解的基础上，使用建模软件来实现最终的流道建模。

现在的大型工程软件如 I-DEAS、SOLIDWORKS、PRO/E 等都带有较为实用的实体建模模块，可以快速准确地完成复杂系统的实体建模，本研究根据客观条件以及 PRO/E 软件的特点，采用 PRO/E 软件进行螺杆、机筒及流道的建模。

3.3.1 PRO/E 软件介绍

PRO/E 软件是美国 PTC 公司 1989 年推出来的优秀三维 CAD/CAM/CAE 集成软件，在生产过程中能将设计、制造和工程分析三个环节有机地结合起来，使企业能够对现代市场产品的多样性、复杂性、可靠性和经济性等做出迅速反应，增强企业的市场竞争能力。

PTC 公司突破 CAD/CAM/CAE 的传统观念，提出了参数化、特征建模和全相关单一数据库的 CAD 设计思想。

(1) 参数化设计。尺寸驱动是参数化设计的重要特点。所谓尺寸驱动就是以模型的尺寸来决定模型的形状，即通过修改模型的约束尺寸来修改模型的大小和形状，而尺寸之间又可以相关，尺寸更改会引起模型的自动变化。PRO/E 是第一套将参数化设计理论用于实际工程应用的软件。

(2) 特征建模。特征是对有实际工程意义图元的高级抽象。特征建模不仅描述了几何形状信息，而且在更高层次上表达产品的功能信息，其操作不再是原始的线条和体素，而是产品的功能要素，如通孔、键槽、倒角等。特征模型的建立为后续生产提取工程信息打下了基础。

（3）全相关的统一数据库管理。PRO/E 软件采取统一数据库进行模型数据管理，这样使得对某一对象做的任何改动都能即时自动地在调用该对象的任何地方得以体现。这为设计开发的同步工作、数据共享及现代并行设计工程提供了很大的方便性。但这种结构也具有一定的方向性和限定性，即某些改动的变化是单向的，比如对模型的改动会在工程图中得以即时体现，但对工程图的改动则不会改变模型数据。

3.3.2 螺杆的建模

试验证明，若螺杆的终端只是圆台结构，无法实现秸秆的膨化，更无法谈及膨化效果的好坏。因此，在圆台端部设置内螺纹孔，并将细杆旋入其中，即可满足膨化需要。

3.3.2.1 参数的选择

对于螺杆而言，影响其工作性能的主要参数有：长度、螺距、直径以及螺棱的高度。在螺旋截面形状确定的情况下，其基体的直径、螺杆长度与螺距是控制模型尺寸的关键参数。

在 PRO/E 软件中，每节螺杆的建模过程为：

（1）将长度、螺距、基体直径、螺槽深度（螺棱高度）设置为可以改变的参数；

（2）建立螺杆的基础特征模型；

（3）利用“螺旋扫描”功能建立外部螺旋特征；

（4）利用“关系”实现（1）中参数与模型的连接。

螺杆建模中使用的参数见表 3-2。

表 3-2 螺杆参数设置

参数名称	参数类型	参数含义
BDIA	实数	螺旋体基体直径

续表 3-2

参数名称	参数类型	参数含义
CDEPTH	实数	螺槽深度
TDIA	实数	基体圆台后端直径
ZDIA	实数	终端直径
LENGTH1	实数	第一节螺杆长度
LENGTH2	实数	第二节螺杆长度
LENGTH3	实数	第三节螺杆长度
LENGTHG	实数	光环长度
LENGTHZ	实数	阻流环长度
LENGTHS	实数	轴后端长度
PI1	实数	第一节螺杆的螺距
PI2	实数	第二节螺杆的螺距
PI3	实数	第三节螺杆的螺距

3.3.2.2 螺杆模型的实现

建立单节螺杆模型后，将各节螺杆与轴用键连接，在 PRO/E 软件中虚拟装配各个零件。各零件模型如图 3-5 ~ 图 3-10 所示，装配后的螺杆模型如图 3-11 所示。

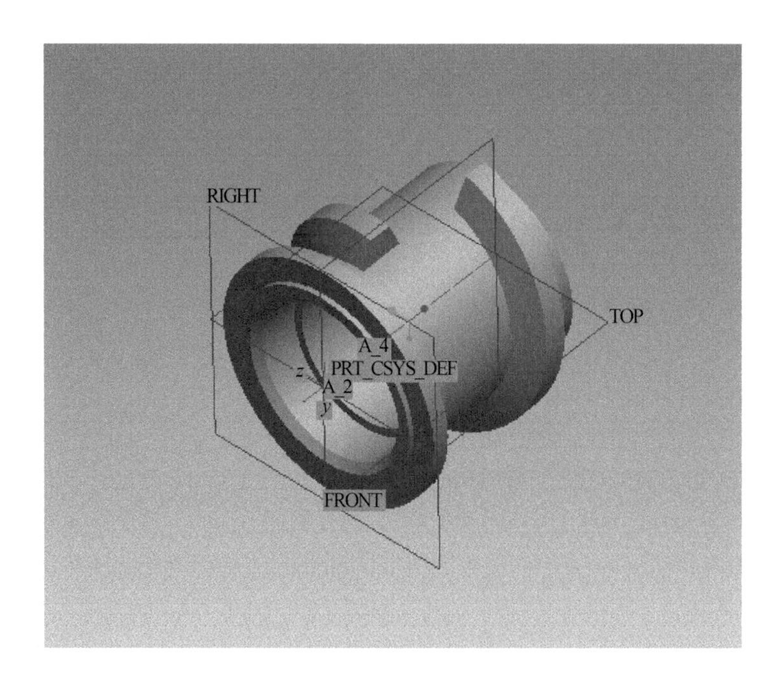

图 3-5 第一节螺杆

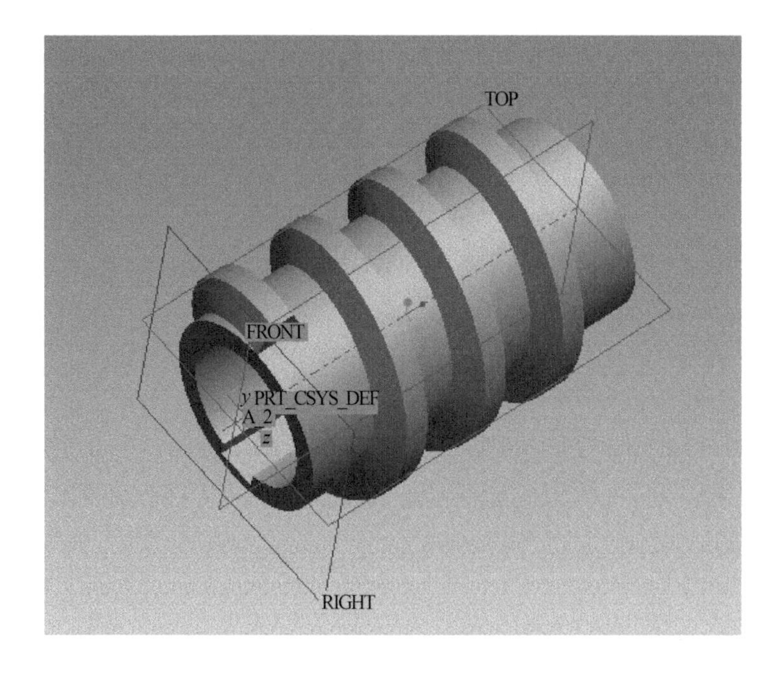

图 3-6 第二节螺杆

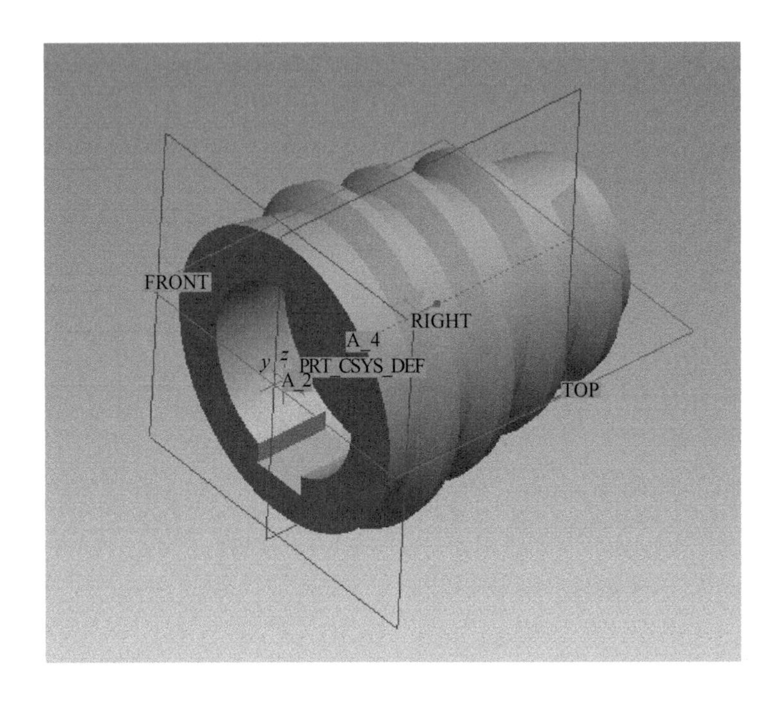

图 3-7 第三节螺杆

图 3-8 阻流环

图 3-9 光环

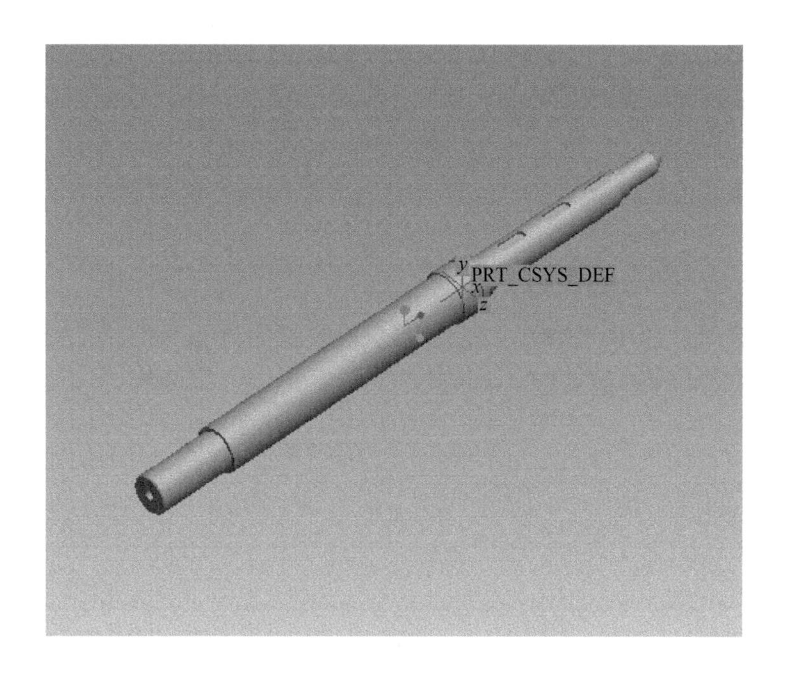

图 3-10 轴

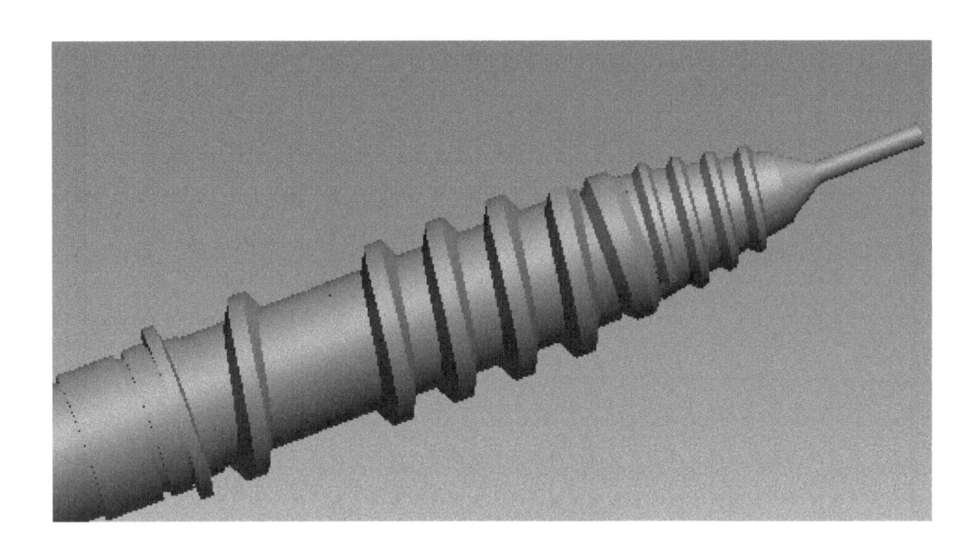

图 3-11　螺杆模型

3.3.3　机筒的建模

3.3.3.1　参数的选择

机筒模型的驱动参数包括：长度、内孔直径、外圆直径与内部槽深。其建模包括以下过程：

(1) 将长度、内孔直径、外圆直径与内部槽深控制参数设置为可以改变的参数；

(2) 建立各节机筒模型；

(3) 利用关系功能实现 (1) 中参数对模型的控制。

机筒建模中使用的参数见表 3-3。

表 3-3　机筒参数设置

参数名称	参数类型	参数含义
IDIA	实数	内孔直径
ODIA	实数	外圆直径
LDIA	实数	终端直径

续表 3-3

参数名称	参数类型	参数含义
LENGTH11	实数	第一节机筒长度
LENGTH22	实数	第二节机筒长度
LENGTH33	实数	第三节机筒长度
PIT11	实数	第一节机筒槽宽
PIT22	实数	第二节机筒的螺距
PIT33	实数	第三节机筒的螺距

3.3.3.2　机筒模型的实现

建立各节机筒模型后，装配各个组成零件，得到机筒的整体模型。

由于机筒为剖分式，在建模过程中，首先建立整体机筒的模型，然后通过建立分型面的方法分别得到机筒的左、右侧零件模型。各节机筒模型如图 3-12～图 3-17 所示。

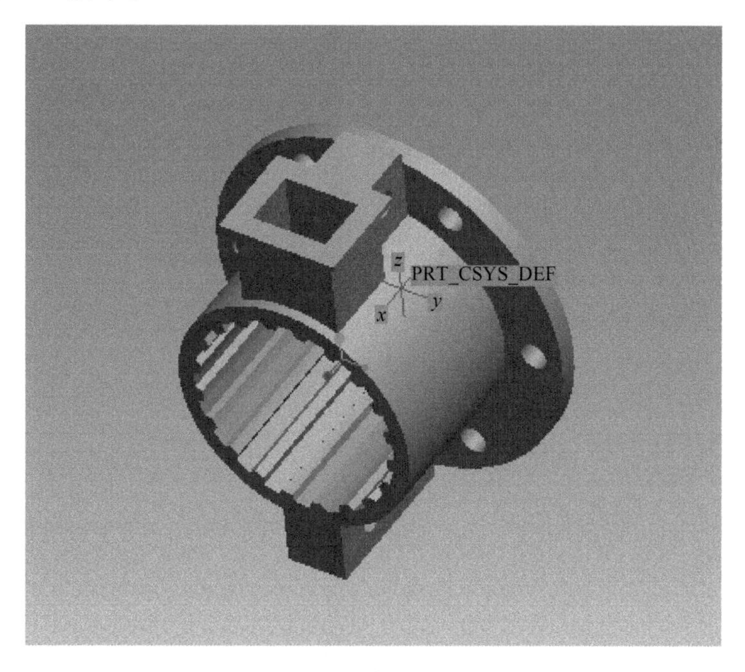

图 3-12　第一节机筒

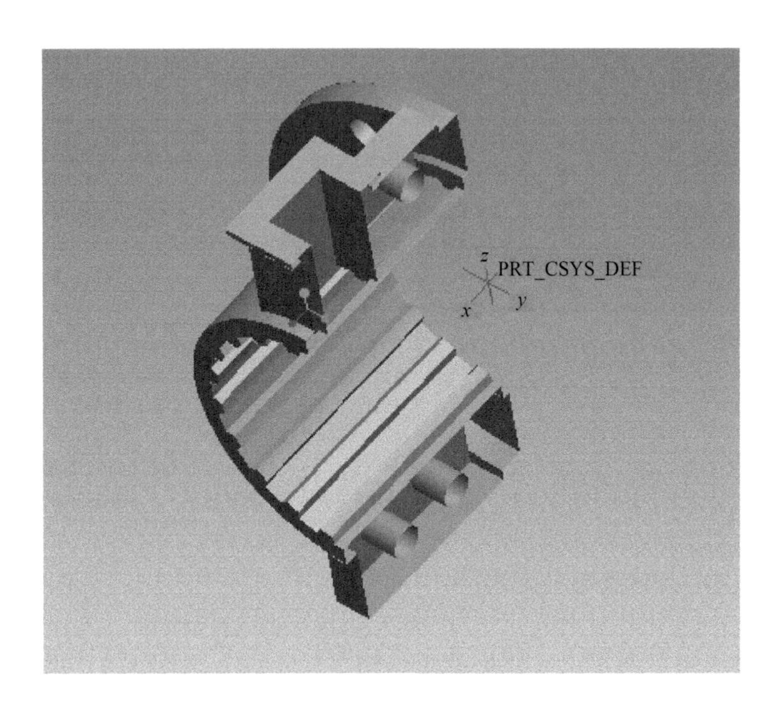

图 3-13　第一节左机筒

图 3-14　第二节机筒

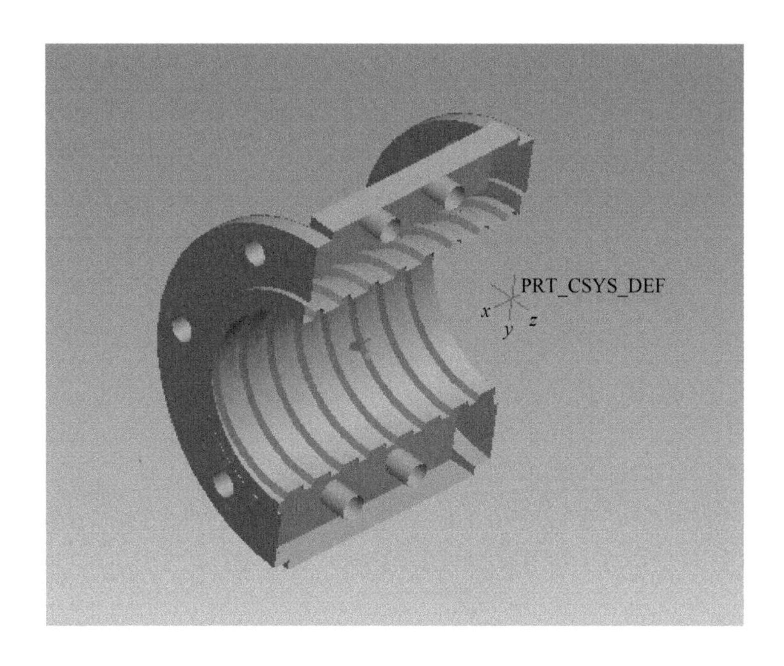

图 3-15 第二节左机筒

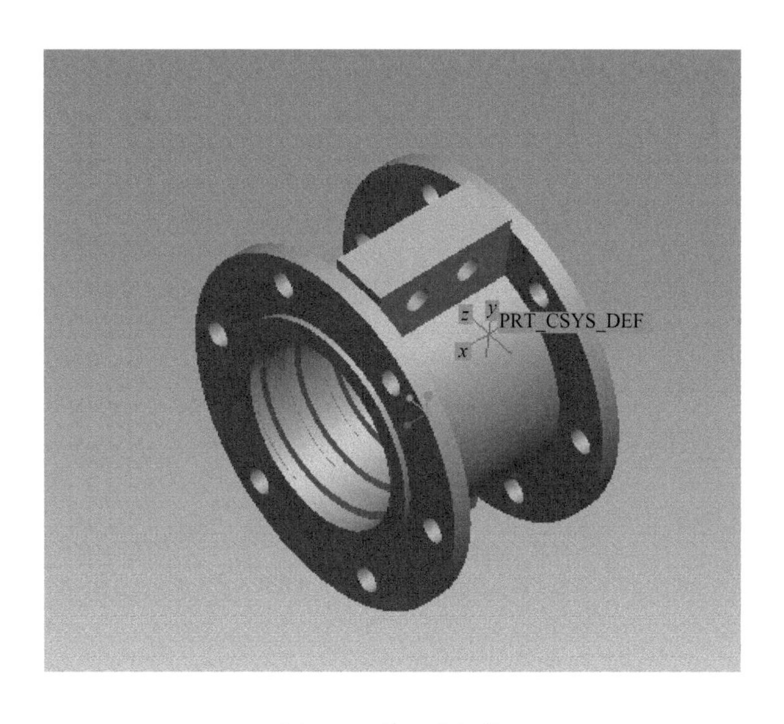

图 3-16 第三节机筒

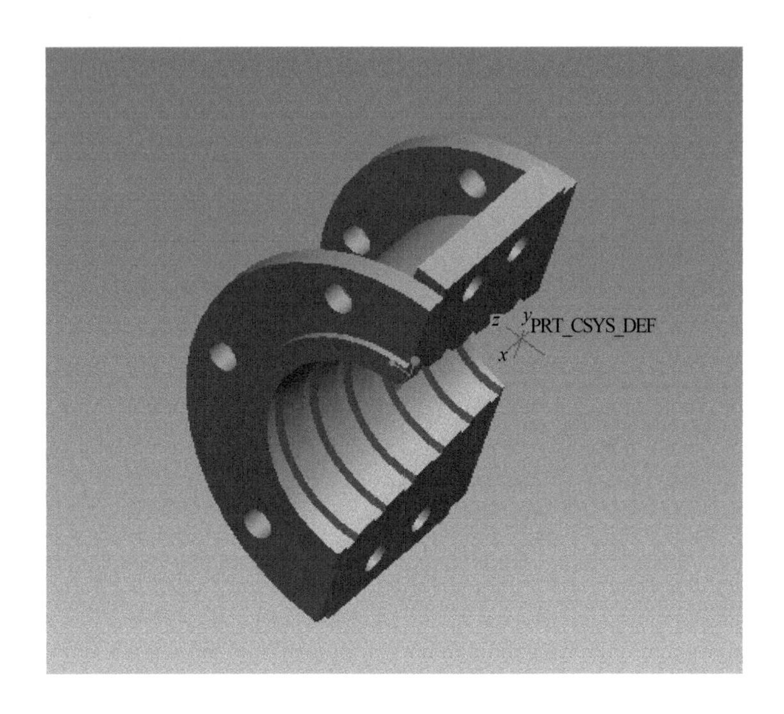

图 3-17 第三节左机筒

装配后的机筒模型如图 3-18 所示。

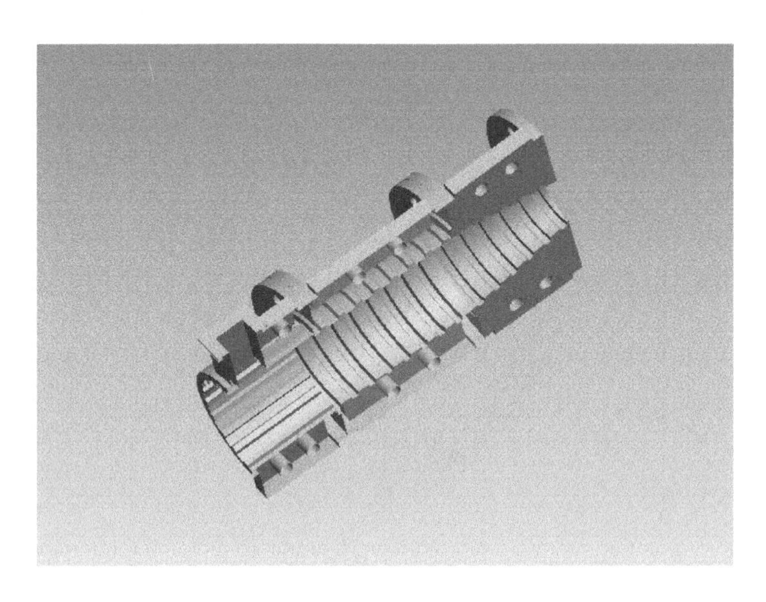

图 3-18 装配后的机筒模型

3.4 流道的建模

机筒与螺杆之间的间隙即为流道，即流道的外侧为机筒的内部，流道的内侧为螺杆的外部。因此，流道模型能够真实反映螺杆与机筒的结构及参数。

流道模型很难直接用确定的参数建立，因此，本章首先用 PRO/E 软件建立螺杆和机筒的三维模型，然后建立流道基础模型并将螺杆、机筒与流道基体进行装配，借助 PRO/E 装配体模块中的切除运算，从流道基体中分别减去机筒和螺杆后得到流道的真实模型。流道模型如图 3-19 所示。

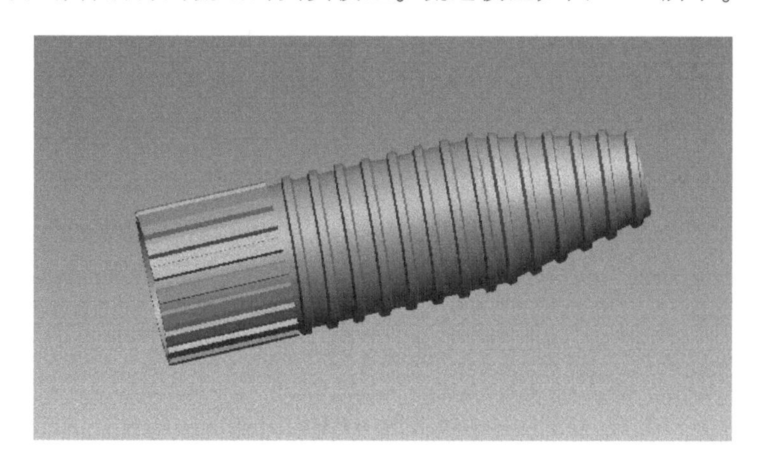

图 3-19 流道模型

4 基于 ANSYS /FLOTRAN 的流场分析

秸秆在膨化机内的挤压流动过程非常复杂：秸秆首先由于挤压、搅拌和剪切的作用被细化，然后在高温高压的作用下，由粉状变成糊状，最后在强大的压力差作用下，被膨化为疏松、多孔的固态物质。在目前的技术条件下，很难用解析法研究其流动特性，而实验法不能从本质上认识混合和流动，且耗费大量的资金。本章参照食品挤压膨化的数值模拟技术，按照流体状态运用 ANSYS/FLOTRAN 模块对膨化机的流道进行了流场分析，得到了流道分析段的速度场、压力场和温度场，并且提出了机器设计中的一些优化建议。

4.1 FLOTRAN 分析的理论基础

ANSYS 程序中的 FLOTRAN CFD 分析功能是一个用于分析二维及三维流体流动场的先进的工具，使用 ANSYS 中用于 FLOTRAN CFD 分析的 FLUID141 和 FLUID142 单元，可解决如下问题：作用于气动翼（叶）型上的升力和阻力，超音速喷管中的流场，弯管中流体的复杂的三维流动，计算发动机排气系统中气体的压力及温度分布，研究管路系统中热的层化及分离，使用混合流研究来估计热冲击的可能性，用自然对流分析来估计电子封装芯片的热性能，对含有多种流体的（由固体隔开）热交换器进行研究。

4.1.1 FLOTRAN 分析的类型

FLOTRAN 可执行层流或紊流、传热或绝热、压缩或不可压缩、牛顿流或非牛顿流和组分传输分析，这些分析类型并不相互排斥，例如一个层流分析可以是传热的或绝热的，一个紊流分析可以是可压缩或不可压缩的。

（1）层流分析与紊流分析。层流中的速度场都是平滑而有序的，高黏性流体（如石油等）的低速流动通常是层流。紊流分析用于处理流速足够高和黏性足够低而引起紊流波动的流体流动情况，ANSYS 中的二方程紊流模型可计算在平均流动下紊流速度波动的影响。如果流体的密度在流动过程中保持不变或流体压缩时只消耗很少能量，该流体可认为是不可压缩的，不可压缩流的温度方程将被忽略流体动能的变化和黏性耗散。

（2）热分析。流体分析通常还会求解流场中的温度分布情况，如果流体性质不随温度而变，可不解温度方程。在共轭传热问题中，要在同时包含流体区域和非流体区域（固体区域）的整个区域上求解温度方程；在自然对流传热问题中，流体由于温度分布不均匀性而导致流体密度分布不均匀性，从而引起流体的流动。与强迫对流问题不同，自然对流通常没有外部流动源。

（3）可压缩流分析。对于高速气流，由很强的压力梯度引起的流体密度的变化将显著地影响流场的性质，ANSYS 对于这种流动情况会使用不同的解算方法。

（4）非牛顿流分析。应力与应变率之间呈线性关系的这种理论并不能解释很多流体的流动，对于这种非牛顿流体，ANSYS 程序提供了三种黏性模式和一个用户自定义子程序。

（5）多组分传输分析。这种分析通常是用于研究有毒流体物质的稀释或大气中污染气体的传播情况，同时，它也可用于研究有多种流体同时存在（但被固体相互隔开）的热交换分析。

本分析属于层流、热分析。

4.1.2 FLOTRAN 分析的步骤

（1）确定问题的区域。用户必须确定所分析问题的明确的范围，将问题的边界设置在条件已知的地方，如果并不知道精确的边界条件而必须作假定时，就不要将分析的边界设在靠近感兴趣区域的地方，也不要将边界设在求解变量变化梯度大的地方。有时，也许用户并不知道自己的问题中哪个地方梯度变化最大，这就要先做一个试探性的分析，然后再根据结果来修改分析区域。

（2）确定流体的状态。流体的特征是流体性质、几何边界以及流场的速度幅值的函数。FLOTRAN 能求解的流体包括气流和液流，其性质可随温度而发生显著变化，FLOTRAN 中的气流只能是理想气体。用户须自己确定温度对流体的密度、黏性和热传导系数的影响是否重要，在大多数情况下，近似认为流体性质是常数，即不随温度而变化，都可以得到足够精确的解。通常用雷诺数来判别流体是层流或紊流，雷诺数反映了惯性力和黏性力的相对强度。通常用马赫数来判别流体是否可压缩，流场中任意一点的马赫数是该点流体速度与该点音速之比值，当马赫数大于 0. 3 时，就应考虑用可压缩算法来进行求解；当马赫数大于 0. 7 时，可压缩算法与不可压缩算法之间就会有极其明显的差异。

（3）生成有限元网格。用户必须事先确定流场中哪个地方流体的梯度变化较大，在这些地方，网格必须做适当的调整。例如：如果用了紊流模型，靠近壁面的区域的网格密度必须比层流模型密得多，如果太粗，该网格就不能在求解中捕捉到由于巨大的变化梯度对流动造成的显著影响，相反，那些长边与低梯度方向一致的单元可以有很大的长宽比。为了得到精确的结果，应使用映射网格划分，因其能在边界上更好地保持恒定的网格特性，有些情况下，用户希望用六面体单元捕捉高梯度区域的细节，而在非关键区使用四面体单元，这时可令 ANSYS 在界面处自动生成金字塔单元。对流动分析，尤其湍流，在近壁处使用金字塔单元可能导致不正确的结果，因此这种区域不应使用，楔形单元可能对容易划分为三角形网格后拖动生成复杂的曲面很有好处；对快速求解，可以在近壁处使用楔形单元；对于准确求解，应在这些区域使用六面体单元。

（4）施加边界条件。可在划分网格之前或之后对模型施加边界条件，此时要将模型所有的边界条件都考虑进去，如果与某个相关变量的条件没有加上去，则该变量沿边界的法向值的梯度将被假定为零。求解中，可在重启动之间改变边界条件的值，如果需改变边界条件的值或不小心忽略了某边界条件，可无须做重启动，除非该改变引起了分析的不稳定。

（5）设置 FLOTRAN 分析参数。为了使用诸如紊流模型或求解温度方程等选项，用户必须激活它们。诸如流体性质等特定项目的设置，是与所求解的流体问题的类型相关的，该手册的其他部分详细描述了各种流体类型所建议的参数设置。

（6）求解。通过在观察求解过程中相关变量的改变率，可以监视求解的收敛性及稳定性。这些变量包括速度、压力、温度、动能（ENKE 自由度）和动能耗散率（ENDS 自由度）等紊流量以及有效黏性（EVIS）。一个分析通常需要多次重启动。

（7）检查结果。可对输出结果进行后处理，也可在打印输出文件里对结果进行检查，此时用户应使用自己的工程经验来估计所用的求解手段、所定义的流体性质，以及所加的边界条件的可信程度。

4.2 流道的研究分析

流道分析的发展状况与挤压技术在不同领域的应用时间有着直接的联系。挤压加工过程中的数值模拟技术首先应用于聚合物的挤出分析。在螺杆运动过程的数值模拟方面，1980 年，Denson 等人忽略啮合区的影响，用有限元法对牛顿流体在不同几何形状螺纹元件中的流动作了初步分析和计算，分析了轴向压力分布对流体流动的影响。同年，Booy 讨论了宽浅和窄深两种螺槽中牛顿流体的等温流动，建立了拖曳流、压力流和啮合区漏流的方程，分析了螺槽的非充满现象。而后，彭炯等人建立了非牛顿黏性聚合物熔体在同向旋转双螺杆挤出机中的三维非等温流动模型，利用流体动力学分析软件 POLYFLOW，给出了螺杆区内速度场、温度场、压力场以及黏性耗散热的分布。李鹏等人用 ANSYS 软件对全充满状态下的六棱柱元件熔体输送段的流场进行了三维等温非牛顿模拟，得出了流场中的压力、速度和黏度，通过后处理程序计算出流场的流量、回流系数、剪切速率和剪切应力。2006 年，杨铁牛等人针对温度变化对挤出制品的质量影响很大的问题，结合实际生产状况，建立挤出流道的三维有限元模型，提出系列点加热源理论，并利用 MSC Nastran 对塑料挤出流道的温度场进行了模拟分析，得到了挤出流道温度场的温度分布图、温度梯度图等，但在分析过程中，流道的初始温度较难获得，作者采用了线性的函数加载的方式提供的初始温度缺乏一定的理论依据。

随着膨化食品的发展，为了更深入地了解食品挤出机的挤出理论及特性，近几年来，有些学者开始了对食品膨化过程中的流道的探索研究。2000 年，张裕中等人对同向啮合型双螺杆挤压机在挤压加工过程中食品物料流动状态进行了探讨，分析了双螺杆挤压机内存在的四种漏流形式。2005 年，杨绮云等人基于一种假定的区域和一种网格划分技术，借助于大型有限元分析软件 ANSYS，对食品双螺杆挤出机熔融段进行了模拟计算，为食品挤压的分析提供了一种方法。2007 年，唐庆菊等人在了解食品挤压加工特点的基础上，借鉴聚合物双螺杆挤压理论的研究方法，利用有限元分析软件对双螺杆挤出机的流场进行分析，得到了压力场、速度场和温度场。

4.3 流道的流场分析

4.3.1 几何模型的建立

对于 ANSYS 软件而言，其二维建模功能较三维建模功能强大。目前，较复杂的模型均是通过其他三维造型软件（如 PRO/E）建立后转入得到。ANSYS 软件提供了三种模型转换方式：利用 IGES 中间标准格式转换；使用 ANSYS-PRO/ENGINEER 接口转换；在 PRO/ENGINEER 下选择 ANSYS 作求解器输出转换。在三种转换方式中，第二种转换方式能够快速准确地导入数据，但要求在同机的同一操作系统下安装 PRO/E 和 ANSYS 两种软件，并且保证两种软件的版本兼容，即 PRO/E 的版本不得高于同期的 ANSYS 版本。

对于挤压膨化机流道的分析来说，三维模型的建立可以在 PRO/E 软件中实现，但转入 ANSYS 后，由于其结构非常复杂，边界条件的施加很困难，而且得到的结果过于宏观，缺乏具体性。因此，在本研究中，将流道的中间段进行截面分解，在 ANSYS 中进行二维参数化建模。流道的二维截面图如图 4-1 所示。

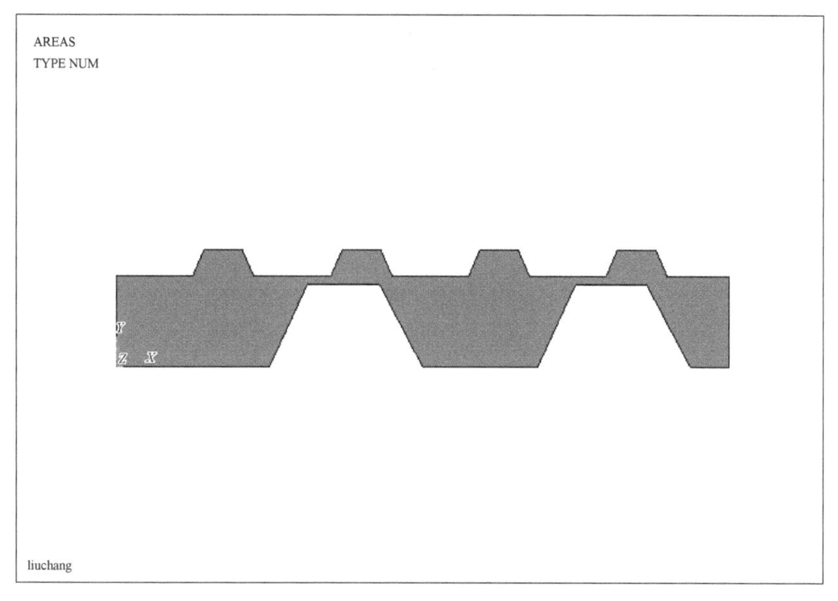

图 4-1 流道的二维截面图

图 4-1 彩图

4.3.2 有限元模型建立

ANSYS 中的 FLOTRAN 单元包括 FLUID141 和 FLUID142，用于解算单相黏性流体的二维和三维的流动、压力和温度分布。对于这些单元，ANSYS 通过质量、动量和能量三个守恒性质来计算流体的速度分量、压力以及温度。其中，FLUID141 单元（见图 4-2）是一种四节点四边形或三节点三角形形状的二维单元。FLUID142 单元（见图 4-3）是四节点四面体或八节点六面体形状的三维单元，二者均有以下自由度：速度、压力、温度、紊流动能、紊流能量耗散、多达六种流体的各自质量所占的份额。此外，FLUID 单元还具有以下特征。

（1）用于模拟紊流的二方程紊流模式。

（2）有很多推导结果，诸如：流场分析中的马赫数、压力系数、总压、剪应力、壁面处的 y-plus，以及流线函数；热分析中的热流、热交换（膜）系数等。

（3）流体边界条件，包括速度、压力、紊流动能以及紊流能量耗散率。用户无须提供流场进口处紊流项的边界条件，因 FLOTRAN 对此提供的缺省值适用于绝大多数分析。

（4）热边界条件，包括温度、热流、体积热源、热交换（膜）系数。

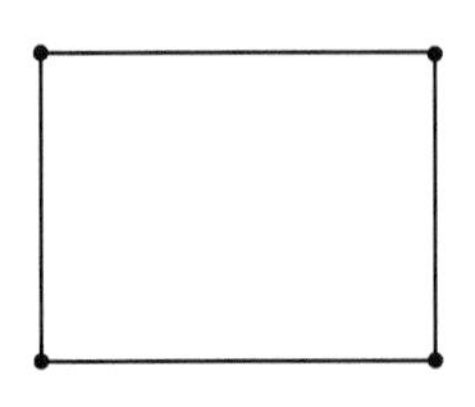

图 4-2 FLUID141 单元

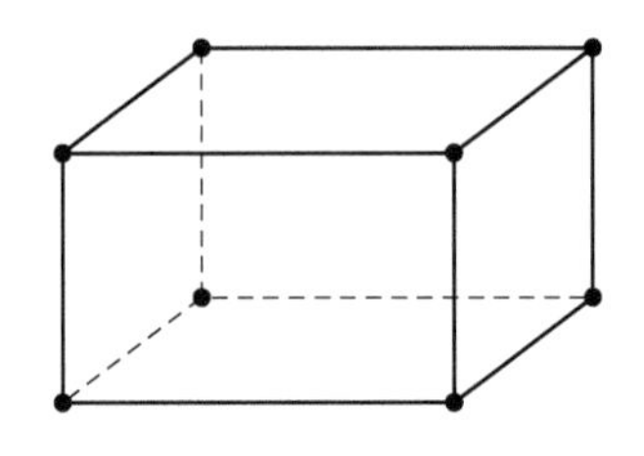

图 4-3 FLUID142 单元

本研究适合选用 2D FLUID141 的二维单元进行网格划分，对于流道的螺棱处进行网格细化。由于流道形状复杂，为了保证求解精度，采用自由网格划分并且由粗到细进行多次有限元网格的划分，并在相应的情况下进行计算，取各监测曲线波动最小的网格为最终有限元网格。图 4-4 即为流道的有限元模型，其中单元数为 698 个，节点数为 831 个。

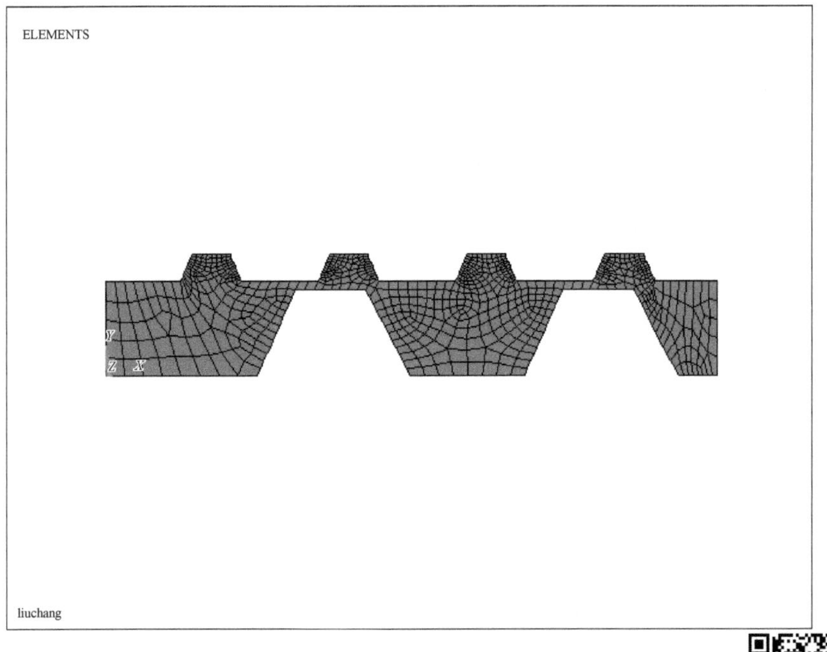

图 4-4 流道的有限元模型

图 4-4 彩图

4.3.3 工程假设

基于流体输送理论，本研究做如下假设：

（1）流体流动为层流流动，即流动过程中各流层没有任何宏观的混合，流体内各质点只沿着相平行的流动方向运动；

（2）流场为稳定流场；

（3）由于惯性力、重力等体积力远小于黏滞力，忽略不计；

（4）流体为不可压缩流体；

（5）流道壁面无滑移；

（6）与螺杆内壁接触的地方摩擦生热，形成一个不断供热的热源。

4.3.4 流体方程

流体方程是 ANSYS 软件进行该分析的理论依据。而流体流动所遵循的物理定律，是建立流体运动基本方程组的依据。这些定律主要包括质量守恒、动量守恒、动量矩守恒、能量守恒、热力学第二定律，另有状态方程和本构方程等。实际计算时，根据不同的流体状态，方程的形式随之改变。在以上的假设条件下，流体的基本方程如下。

（1）连续性方程。在流场中，流体通过控制面 A_1 流入控制体，同时也会通过另一部分控制面 A_2 流出控制体，在这期间控制体内部的流体质量也会发生变化。按照质量守恒定律，流入的质量与流出的质量之差，应该等于控制体内部流体质量的增量，由此可导出流体流动连续性方程的积分形式为：

$$\frac{\partial}{\partial t}\iiint_V \rho \mathrm{d}x\mathrm{d}y\mathrm{d}z + \oiint_A \rho vn\mathrm{d}A = 0 \tag{4-1}$$

式中 V——控制体；

A——控制面。

等式左边第一项表示控制体 V 内部质量的增量；第二项表示通过控制表面流入控制体的净通量。由于本分析假设流体为不可压缩均质流体，密度为常数，根据数学中的奥-高公式，在直角坐标系中，其微分形式为：

$$\frac{\partial u}{\partial x} + \frac{\partial v}{\partial y} + \frac{\partial w}{\partial z} = 0 \tag{4-2}$$

（2）运动方程。运动方程即动量守恒方程，动量守恒是流体运动时应遵循的另一个普遍定律，描述为：在一给定的流体系统，其动量的时间变化率等于作用于其上的外力总和，其数学表达式即为动量守恒方程或 N-S 方程，其微分形式表达如下：

$$\begin{cases} \rho \dfrac{\mathrm{d}u}{\mathrm{d}t} = \rho F_{bx} + \dfrac{\partial p_{xx}}{\partial x} + \dfrac{\partial p_{yx}}{\partial y} + \dfrac{\partial p_{zx}}{\partial z} \\ \rho \dfrac{\mathrm{d}v}{\mathrm{d}t} = \rho F_{by} + \dfrac{\partial p_{xy}}{\partial x} + \dfrac{\partial p_{yy}}{\partial y} + \dfrac{\partial p_{zy}}{\partial z} \\ \rho \dfrac{\mathrm{d}w}{\mathrm{d}t} = \rho F_{bz} + \dfrac{\partial p_{xz}}{\partial x} + \dfrac{\partial p_{yz}}{\partial y} + \dfrac{\partial p_{zz}}{\partial z} \end{cases} \tag{4-3}$$

式中 F_{bx}，F_{by}，F_{bz}——单位质量流体上的质量力在三个方向上的分量；

p_{xx}，p_{yx}，p_{zx}，p_{xy}，p_{yy}，p_{zy}，p_{xz}，p_{yz}，p_{zz}——流体内应力张量的分量。

本分析的运动方程可以简化为：

$$\rho \frac{\mathrm{d}v}{\mathrm{d}t} = \rho F - \mathrm{grad}p + \mu \nabla^2 v \tag{4-4}$$

（3）能量方程。将热力学第一定律（能量守恒与转换定律）应用于流体流动，得到的能量方程式表达如下：

$$\frac{\partial}{\partial t}(\rho E) + \frac{\partial}{\partial x_i}[u_i(\rho E + p)] = \frac{\partial}{\partial x_i}\left[k_{eff}\frac{\partial T}{\partial x_i} - \sum_{j'} h_j J_{j'} + u_j(\tau_{ij})_{eff}\right] + S_h \tag{4-5}$$

式中 E——$E = h - \dfrac{p}{\rho} + \dfrac{u_i^2}{2}$；

k_{eff}——有效热传导系数；$k_{eff} = k + k_t$；

k_t——湍流热传导系数，根据所使用的湍流模型来定义；

$J_{j'}$——组分 j' 的扩散流量；

S_h——化学反应热以及其他用户定义的体积热源项。

方程右边的前 3 项分别描述了热传导、组分扩散和黏性耗散带来的能量输运。

（4）本构方程。质量、动量、能量守恒定律对所有物质都适用，连续介质力学以各种微分方程，如连续性方程、运动方程、能量方程等为主要研究手段。通常，这些方程中的动力学量、运动学量（有时还包括热力学量），都是未知函数，其数目多于体现上述守恒定律的方程的个数。为了求解反映守恒定律的方程组，添加了本构方程，使自变量的数目同总的方程数目相等。本分析的本构方程形式如下：

$$\tau = \mu \cdot \dot{r} \tag{4-6}$$

式中 τ——剪切应力张量，Pa；

μ——表观黏度，Pa·s；

$\dot{r}$——剪切速率，s^{-1}。

（5）控制方程。在流动和传热问题求解中所需求解主要变量（速度及温度等）的控制方程都可以表示成以下通用形式：

$$\frac{\partial(\rho\phi)}{\partial t} + \mathrm{div}(\rho U\phi) = \mathrm{div}(\Gamma_\phi \mathrm{grad}\phi) + S_\phi \tag{4-7}$$

式中 ϕ——通用变量，可以代表 u、v、w、T 等求解变量；

Γ_ϕ——广义扩散系数；

S_ϕ——广义源项。

这里引入“广义”二字，表示处在 Γ_ϕ 与 S_ϕ 位置上的项不必是原来物理意义上的量，而是数值计算模型方程中的一种定义，不同求解变量之间的区别除了边界条件和初始条件外，就在于 Γ_ϕ 与 S_ϕ 的表达式的不同。该式也包括了质量守恒方程，只要令 $\phi=1$，$S_\phi=0$ 即可。

4.3.5 物理特性参数

实验表明，绝大多数聚合物在加工和流动过程中表现为层流，并且符合牛顿摩擦定律，而谷物中，大多数食品主要由淀粉、脂肪、蛋白质、纤维等组成，它们在挤压膨化中流动特性属非牛顿流动特性。对于秸秆而言，其调质后的主要成分为纤维素、半纤维素、木质素和蛋白质等，这与谷物相似，所以可以按照非牛顿流体来确定它的物理特性参数。

非牛顿流体在不同的剪切速率下，表现出不同的黏度，即表观黏度。表观黏度的计算较难，通常由实验求出不同的温度下剪切速率与表观黏度关系的对数坐标图，再根据不同挤压加工温度和剪切速率查找所需的表观黏度。

本研究参照其他物料在一定温度下的表观黏度数值，确定秸秆在挤压膨化过程中的表观黏度为 $\eta=2\times10^3$ Pa·s。根据相关资料，密度取 1.53×10^3 kg/m³。导热系数取 0.10 W/(m·K)，比热容取 330 J/(kg·K)。

4.3.6 边界条件

按照实际运转条件和边界无滑移等条件假设，流道分析的边界条件如下。

（1）机筒静止，螺杆旋转。机筒内壁速度为零，螺杆外表面速度在轴向上不为零，在径向上为零。

（2）压力边界条件采用计算域两端的压力差 $\Delta P = P_1 - P_2$，P_1 为出口压力，P_2 为入口压力。

（3）在挤压膨化过程中，物料受到来自螺杆剪切摩擦产生的热、物料内部相互摩擦产生的热和物料与机筒摩擦产生的热等。此时存在热传导、热对流和热辐射三种传热形式，但由于物料几乎全部被机筒包围，因此在分析中仅考虑传导热和摩擦热。螺杆热源的热通量，即由运动摩擦生成热通量计算公式为：

$$q = \mu v p \tag{4-8}$$

$$v = \pi n r / 30 \tag{4-9}$$

$$p = P \pi r^2 \tag{4-10}$$

式中 q——热通量，kW/m^2；

μ——秸秆物料与钢接触表面的摩擦系数；

v——摩擦速度，m/s；

p——两者接触面的摩擦力，N；

n——螺杆的转速，r/min；

r——流道内部的半径，m；

P——平均压力值，MPa。

计算中 μ 取 0.25，P 取 1.6 MPa，n 取 550 r/min，r 为 78.5 mm，$q =$ 34 kW/m^2。

（4）假设入口处温度和机筒壁温度均为 60 ℃。

4.3.7 载荷的施加

在 ANSYS 中，载荷可以施加在实体模型上或者直接施加在有限元模型上。载荷施加于实体模型上有以下优点：实体模型加载不依赖于有限元网络，因此可以在不改变载荷的情况下改变有限元网格划分；与有限元模型相比，实体模型通常包括较少的实体，因此操作较为简便。其缺点是：网格划分命令产生的单元处在当前激活的坐标系中，而节点位于全局坐标系中，因此实体模型和有限元模型可能具有不同的坐标系；实体模型的载荷时间在主自由度上，不便于简化分析。有限元模型的加载在操作方面不如实体模型加载方便，而且任何有限元网格的修改都将使得先前施加的载荷无效，故需要在删除先前的载荷并在新网格上重新施加载荷。但是，有限元模型的加载可将载荷直接施加在主节点。可简单地选择全部所需的节点，并指定适当的约定。

基于对以上两种加载方式的比较，本研究采用有限元模型的加载方式进行边界载荷施加，加载后的模型如图 4-5 所示。

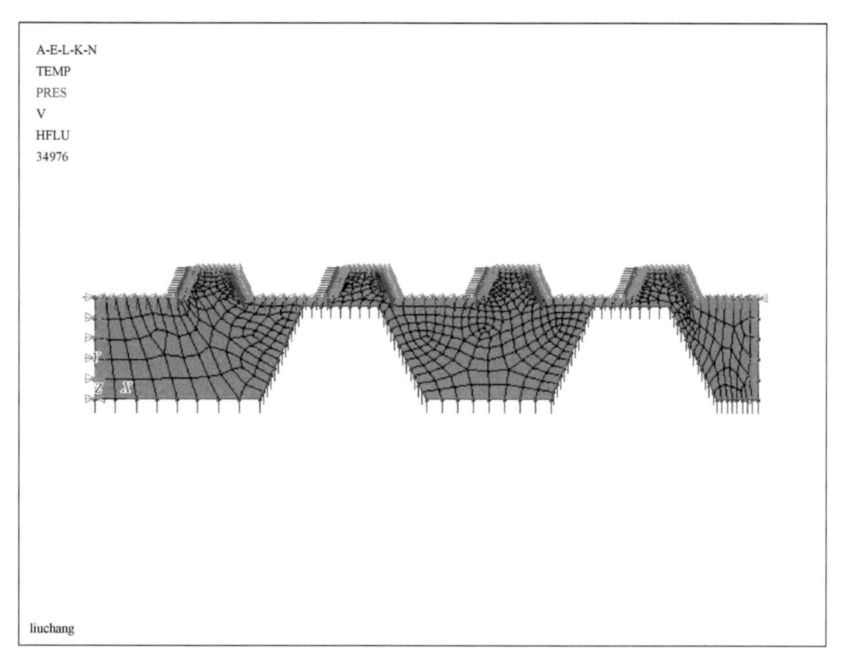

图 4-5 模型的加载

图 4-5 彩图

4.3.8 求解计算

在 FLOTRAN 求解分析阶段，需要设置的内容包括求解选项、自由度求解器、流体属性、收敛因子和迭代次数等。在本研究中，收敛因子和迭代次数的设置较为关键和重要。

(1) 收敛因子的设置。松弛因子是一个其值介于 0 和 1 之间的小数，它表示旧结果与附加在旧结果上以形成新结果的最近一次计算量之间的变化量。对自由度收敛因子的设置除温度外都采用 SIMPLEF 算法的默认设置，而对于耦合传热问题，对温度自由度的收敛因子设为 1。属性收敛因子也采用 SIMPLEF 算法的默认设置。对于不可压缩问题，应使人工黏性的幅值与有效黏性的幅值处于相同的数量级，所以设定该分析的人工黏性的收敛因子为 0.0001。

（2）总体迭代次数的确定。FLOTRAN 分析是一个非线性的序列求解过程，故每次分析首先得确定要让程序执行多少次迭代。一次总体迭代就是对所有相关的控制方程按序列进行求解，并且在求解过程中流体性质会随时更新。在一个总体迭代中，程序首先获得动量方程的近似解，再在质量守恒的基础上将动量方程的解作为强迫函数来求解压力方程，然后用压力解来更新速度，以使速度场保持质量守恒。如果要求程序求解温度，则程序会同时求解温度方程并更新与温度相关的流体性质。在此，初步设置执行迭代次数为 20，20 次的迭代次数也许不能保证收敛，但可以重新启动继续迭代求解，直至收敛。经验证，结果收敛的迭代次数最小为 45。

4.3.9 结果分析

4.3.9.1 压力分析

如图 4-6 所示，压力分布的总趋势是沿挤出膨化方向逐渐增加。在螺杆

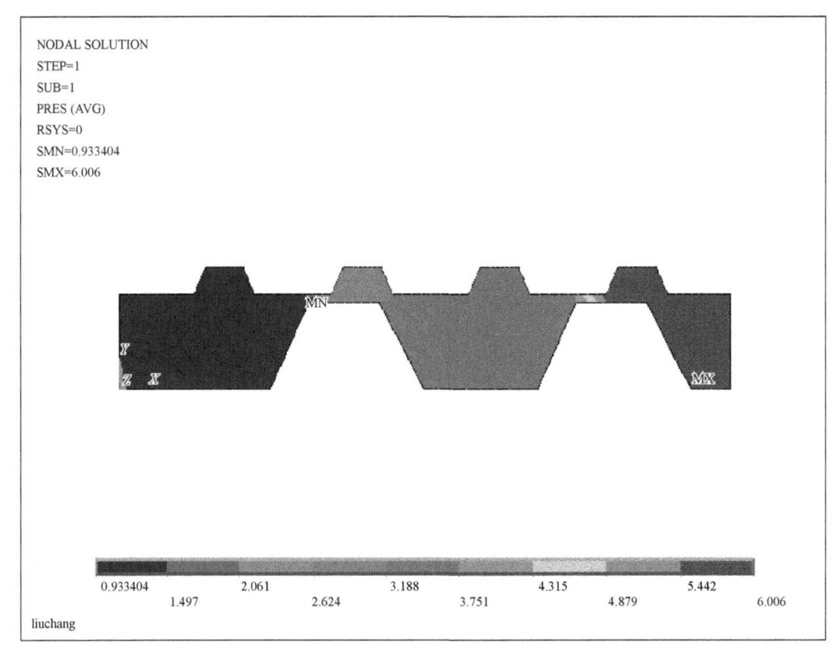

图 4-6 压力分布

图 4-6 彩图

的螺槽区域内，压力等值线分布较为均匀；当接近螺棱顶部时，压力等值线的密度显著增加；并且，压力变化较大处发生在螺棱的流入端。这说明螺槽区的压力变化较小，而螺棱处的压力变化较大。

4.3.9.2 速度分析

图 4-7 为流道的速度分布，从图中可以看出：螺杆顶面物料速度较高，螺槽处物料的速度值小于螺棱顶端物料的速度值；速度梯度最大的地方出现在物料流体最薄处，而其他部分速度变化较小，物料流动平稳。

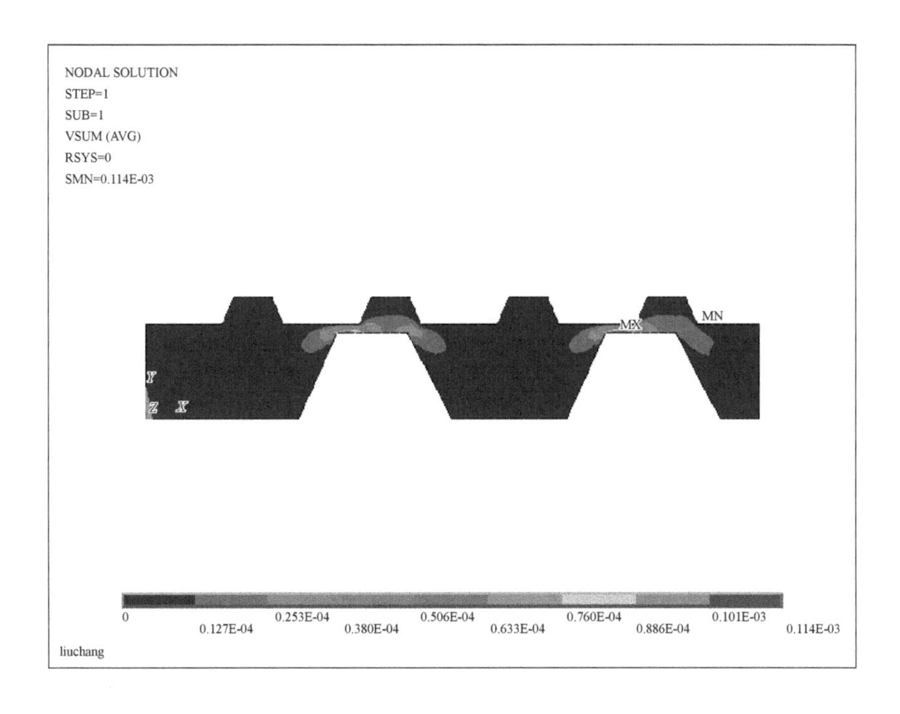

图 4-7 流道的速度分布

图 4-7 彩图

4.3.9.3 温度分析

在秸秆膨化的过程中，温度是随着物料在膨化腔内的流动速度和压力而不断变化的。根据膨化机理可以看出：秸秆膨化质量的好坏与温度参数的变化有着直接的联系。图 4-8 描述了该流道内的温度分布状况。

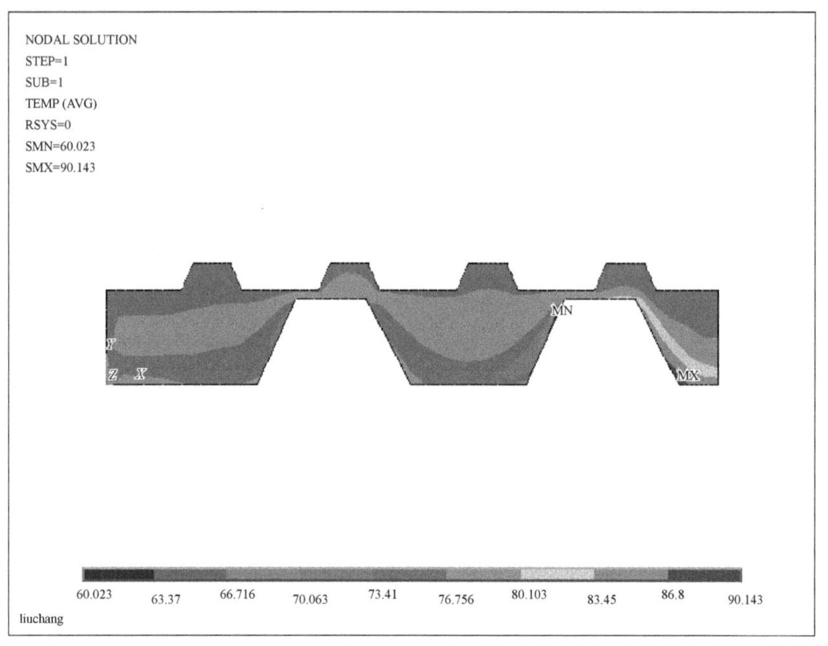

图 4-8　流道内的温度分布

图 4-8 彩图

从图 4-8 中可以看出：温度沿轴向逐渐增加，但不能用线性增加来描述；越接近出口处，温度等值线越密，温度变化越大；温度最大处位于螺槽处，温度最小处位于贴近螺棱处。

根据中国农业大学的研究，膨化机的膨化机理可以从气体膨胀做功和水汽化做功两方面来考虑，气态方程 $\frac{P_1V_1}{T_1}=\frac{P_2V_2}{T_2}$ 可以合理地解释物料的膨化过程。由于假设物料为不可压缩流体，可以认为物料在膨化腔内体积变化不大，因此腔内温度近似和内部压力成正比。将本节的温度轴向分布规律和前节的压力分布比较研究，可以看出数值模拟的结果与理论上的关系基本保持一致。

为了研究不同螺距的螺杆对温度分布规律的影响，在保证其他参数不变的情况下，将螺杆的螺距减半，得到的温度分布如图 4-9 所示。从图 4-9 中可以看出：螺距减小时，温度在径向上的分布分层明显，且温度等值线密度较大；最大温度的位置仍然在末端出口的螺槽处。

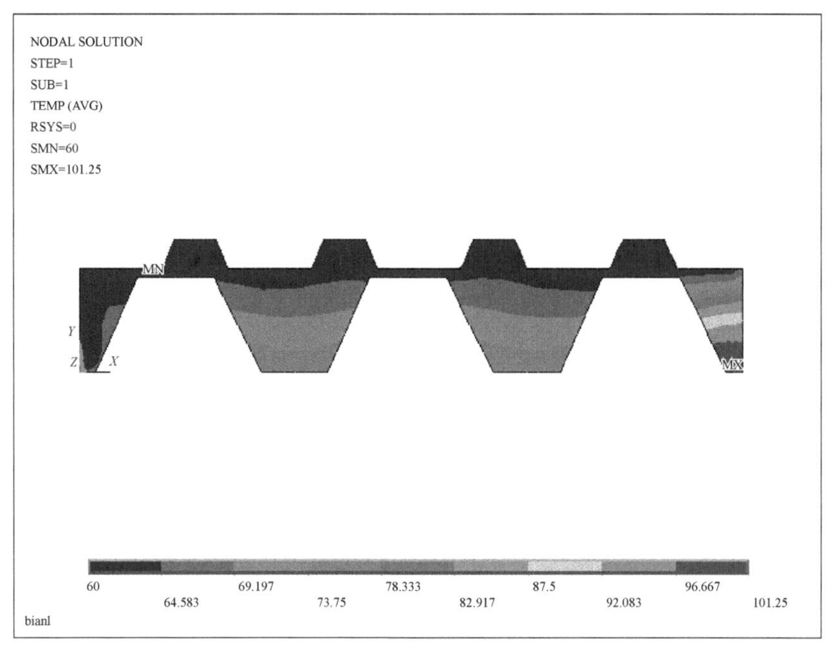

图 4-9 温度分布

图 4-9 彩图

4.4 优化建议

通过对非等温条件下的流道的温度和压力以及速度的分析，较为详尽地了解了流道中间段压力、温度等参数的分布规律，这些规律为秸秆挤压膨化机的设计提供了参考。以提高秸秆膨化质量为目标，针对螺杆和机筒的设计提出以下优化建议。

（1）由流道的入口处至出口处，压力逐渐增大是必然的趋势，即对螺杆和机筒的压力也逐渐增加，可以考虑采用不同的材料制造不同位置的各节螺杆与机筒，以减少机器的制造成本。

（2）在径向上，温度分布并不均匀，造成温度分布不均的主要原因是物料的流动速度不一致，摩擦不同。因此，膨化机应该在合适的位置装有加热装置：一方面满足秸秆的膨化要求；另一方面使径向上温度一致。

（3）当螺距减小时，处于同一位置的温度等值线的密度有所增加，即温度变化增大，所以在设计螺杆的螺距时，不仅要考虑膨化机的生产率，也要把温度的变化考虑在内。

5　基于 Pro/TOOLKIT 流道的参数化建模

在挤压膨化领域，绝大多数对流道的分析均是基于三维流道模型的，即使是二维分析，也要以三维模型为基础进行截切。为了便于对不同参数的流道进行分析和设计，本章基于 PRO/E 的二次开发模块 Pro/TOOLKIT，首先对螺杆和机筒进行了参数化设计，应用 VC++ 6.0 软件平台实现了二者的参数化建模，然后运用 PRO/E 提供的布局与合并功能得到了流道的三维模型。这不但解决了流道的参数化设计问题，也为螺杆和机筒的快速建模和分析提供了方便，进而为秸秆挤压膨化机的快速分析设计提供了基础。

5.1　PRO/E 系统中参数化建模的实现方法

PRO/E 的参数化是指将表示零件或组件的形状和拓扑关系赋予它们的特征值来控制，这些特征值可能与其他特征值相关联。参数化设计是以约束来表达产品模型的形状特征，以一组参数来控制设计结果，从而能通过变换设计参数来实现产品模型的更改或相似产品模型的创建。

PRO/E 软件在提供强大的设计、分析、制造功能的同时，也为用户提供了多种二次开发工具，常用的有族表（Family table）、用户自定义特征（UDF）、Pro/Program、J-link、Pro/TOOLKIT 等。

(1) 族表（Family table）：使用族表可以方便地管理具有相同或相近结构的零件，特别适用于标准件的管理。族表通过建立通用零件作为父零件，然后在其基础上对各参数加以控制生成派生零件。

（2）用户自定义特征（UDF）：用户自定义特征是将若干个特征融合为一个自定义特征，使用时作为一个整体出现。UDF适用于特定产品中的特定结构，有利于设计者根据产品特征快速生成几何模型。

（3）Pro/Program：PRO/E软件对每一个模型都有一个简要的设计步骤和参数列表（Pro/Program）。它是基于basic语言构成的，用户可以根据设计要求来对Pro/Program进行修改，使其作为一个程序来运行，从而实现造型的目的。

（4）Pro/TOOLKIT：Pro/TOOLKIT是PRO/ENGINEER系统的客户化开发工具包，即应用程序接口（API）。它提供了大量的C语言库函数，能够使外部应用程序（客户应用程序）安全有效地访问PRO/ENGINEER的数据库和应用程序。通过C语言编程及应用程序与PRO/ENGINEER系统的无缝集成，客户和第三方能够在PRO/ENGINEER系统中添加所需的功能。

5.2 Pro/TOOLKIT二次开发

由于螺杆结构复杂，建模不便，为了达到螺杆的参数化建模的目的，结合PRO/E各个开发方法的特点，选择利用Pro/TOOLKIT二次开发模块对其进行参数化建模。

5.2.1 Pro/TOOLKIT二次开发的工作模式

用Pro/TOOLKIT进行开发有两种模式：同步模式和异步模式。选择开发模式的一般规则是：如果没有特殊原因，尽量使用同步模式，因为异步模式较同步模式更加复杂。

5.2.1.1 异步模式

无需启动PRO/ENGINEER，就能够单独运行Pro/TOOLKIT应用程序的方式叫做异步模式。异步模式实现了两个程序的并行运行，可以只在程序需要调用PRO/ENGINEER功能时，才启动PRO/ENGINEER。但由于异步模式具有代码复杂、执行速度慢等缺点，因此，一般不采用异步模式。

5.2.1.2 同步模式

同步模式下，Pro/TOOLKIT应用程序必须与PRO/ENGINEER系统同步运行。同步运行并非并行运行，同步的意思是Pro/TOOLKIT应用集成到PRO/ENGINEER系统中，若PRO/ENGINEER没有启动，Pro/TOOLKIT应用程序将无法运行。此外，Pro/TOOLKIT应用程序执行时，PRO/ENGINEER系统处于停止状态。

同步模式又分为两种模式，即动态链接模式（DLL模式）和多进程模式（Multiprocess Mode）。动态链接模式是将用户编写的C程序编译成一个DLL文件，这样，Pro/TOOLKIT应用程序和PRO/ENGINEER运行在同一个进程中，它们之间的信息交换是直接通过函数调用实现的。多进程模式是将用户的C程序编译成一个可执行文件，Pro/TOOLKIT应用程序和PRO/ENGINEER运行在各自的进程中，它们之间的信息交换是通过消息系统来完成的。

异步模式和同步模式的另一个重要的不同在于应用程序的启动方式。同步模式中应用程序必须由PRO/ENGINEER根据注册文件的信息来启动；而异步模式中应用程序则可以脱离PRO/ENGINEER启动，它可以有自己的main()函数，应用程序启动后会自动连接到PRO/ENGINEER上。启动的异步应用程序并不会出现在辅助应用程序对话框中。

可以根据需要选择动态链接模式或者多进程模式。一般来说，多进程模式主要用于程序开发阶段以便程序的调试，但由于动态链接模式的运行速度比较快，所以程序开发完成之后，最好转成DLL模式。多进程模式每次运行的时候都会出现命令提示窗口，这是因为多进程模式与PRO/ENGINEER是独立运行的。

在VC开发环境中，如果要使用DLL模式，创建程序时选择MFC DLL项目类型，如果要使用多进程模式，则创建程序时选择MFC EXE项目类型。本书中采用DLL模式来创建Pro/TOOLKIT应用程序。

5.2.2 Pro/TOOLKIT 二次开发的基本过程

Pro/TOOLKIT 二次开发的基本过程如下。

（1）编写源文件：源文件包括资源文件和程序源文件；资源文件包括菜单资源文件、窗口信息资源文件、对话框资源文件（分别用来完成创建和修改 PRO/ENGINEER 菜单、窗口信息和对话框等功能）等；程序源文件指用户编写的 C 语言程序，它是整个 PRO/TOOLKIT 程序开发的核心部分。

（2）程序的编译和连接：为了编译连接所编制的程序代码，一般需要制作 Makefile 工程文件，可以根据 PRO/TOOLKIT 自带的 Makefile 修改。该文件主要指定库文件、头文件、源文件的位置及要生成的可执行文件和动态链接库名称等。换句话说，此文件是用来说明如何进行应用程序编译和连接的，也可以在 VC++ 6.0 环境中指定上述各种项目。

（3）应用程序的注册：要使应用程序能够集成到 PRO/ENGINEER 系统中运行，必须制作一个扩展名为 . dat 的注册文件，用该文件进行应用程序的注册。可以采用两种注册方式，一种为自动注册方式，将注册文件放在指定的目录下（如放在 PRO/ENGINEER 的启动目录下），运行 PRO/ENGINEER 时将根据注册文件自动注册运行所指定的应用程序（此时注册文件必须名为 protk. dat）；另一种为手动注册，即在运行 PRO/ANGINEER 后，通过辅助应用程序选项使程序运行。

（4）运行应用程序。

5.3 流道的参数化建模

5.3.1 流道的参数化建模流程图

流道的参数化建模流程图如图 5-1 所示。

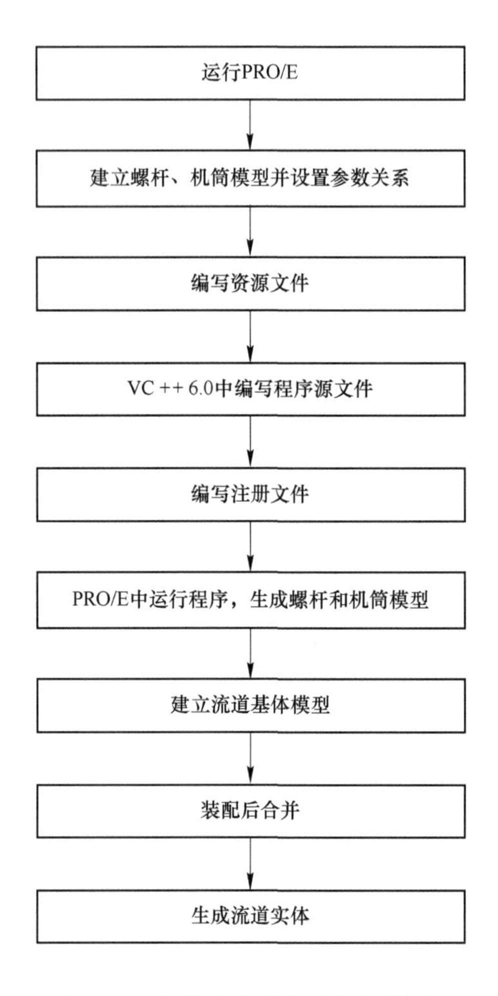

图 5-1 流道的参数化建模流程图

5.3.2 建立参数化模型

在零件模式下建立三维模型，设置控制三维模型的设计参数，设计参数有两种：一种是用来控制三维模型形状和拓扑关系的与其他参数无关的驱动参数；另一种是与其他参数相关的非驱动参数。参数化程序设计采用的是第一种设计参数，以驱动三维模型的再生。建立设计参数和三维模型尺寸变量的关联关系可以利用 PRO/E 的 relation 功能创建关系式实现。

图 5-2 与图 5-3 分别为螺杆体和机筒的模型，该螺杆体与机筒均为单一的模型，其控制参数分别是各节螺杆参数的综合与各节机筒参数的综合。

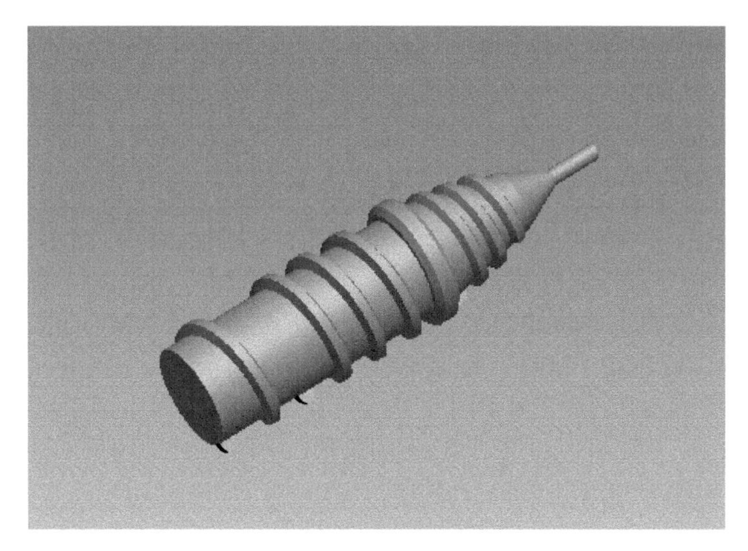

图 5-2 螺杆模型

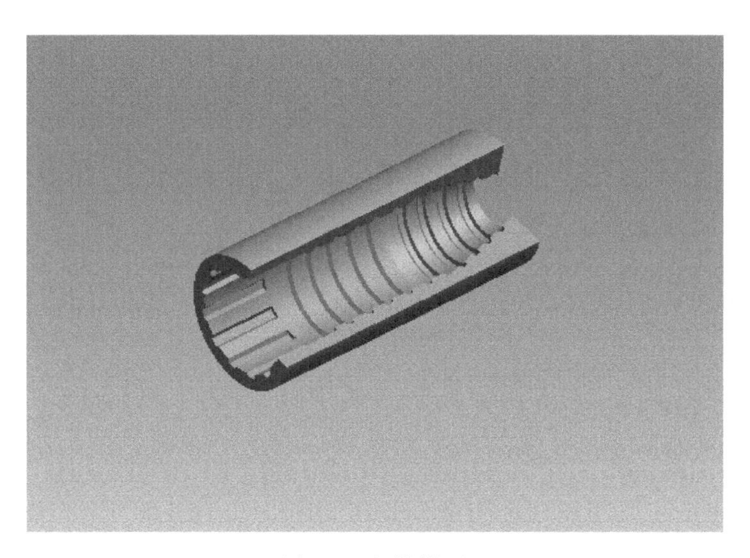

图 5-3 机筒模型

5.3.3 菜单栏菜单设计

PRO/E 系统的菜单主要包括菜单栏菜单和菜单管理器菜单。菜单栏菜单包含菜单栏、菜单、按钮、复选按钮、单选按钮等项目，在 Pro/TOOLKIT 中，用户可以创建新的菜单栏菜单，也可以对 PRO/E 系统已有的菜单栏菜单进行修改。为了方便用户对命令图标的查找，采用在工具条上添加命令图标的方式向PRO/E界面中添加螺杆和机筒参数化设计按钮。该过程可以分为以下四个阶段：

（1）定义或增加按钮命令；

（2）为该命令指定一个图标；

（3）设定该命令使其能够在PRO/E的界面定制对话框中出现；

（4）将该命令的图标从PRO/E的界面对话框拖至一个工具条上。

图5-4为螺杆命令按钮界面。机筒的命令按钮界面与螺杆相同，只是图标有所差异。根据以上要求，编写的螺杆的菜单信息文本文件如下：

```
USER %0s
USER %0s
#
#
-Luogan Design
-Luogan Design
#
#
Luogan Design help
Luogan Design help
#
#
Luogan Design description
This command designs the Screw
#
```

图5-4 螺杆命令按钮界面

5.3.4 对话框设计

对话框设计主要是用户界面对话框（简称 UI 对话框）的设计。UI 对话框是 Pro/TOOLKIT 提供的一种交互界面，程序设计员可以利用 UI 对话框技术，在 Pro/TOOLKIT 程序中设计出风格与 PRO/E 系统本身具有的对话框相似的人机交互界面。UI 对话框设计主要由两步组成：第一步是按界面布局编写资源文件，它是用来定义和描述 UI 对话框外观及属性的文本文件，主要内容包括 UI 对话框的组成部分元件，各控件的属性定义和布局形式；第二步是 UI 对话框控制程序设计，资源文件仅仅是对 UI 对话框的描述，必须通过 UI 对话框控制程序来装入、显示和控制对话框。

图 5-5 与图 5-6 分别为螺杆和机筒的参数化设计对话框。

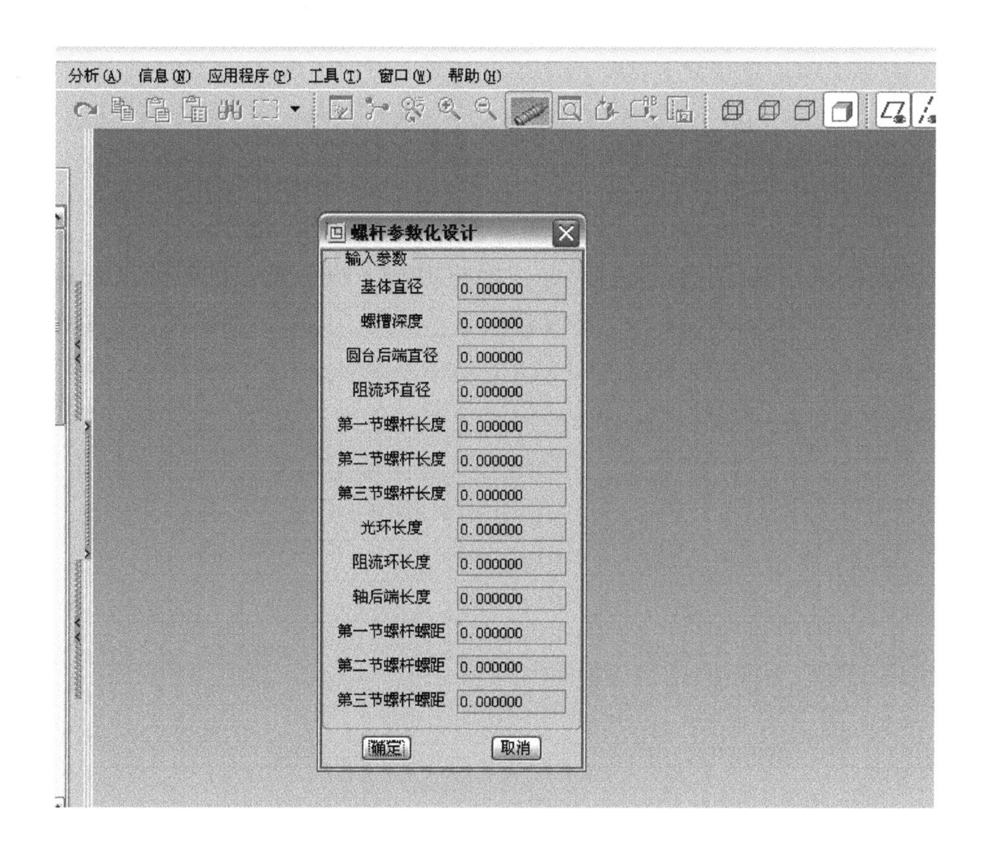

图 5-5 螺杆对话框界面

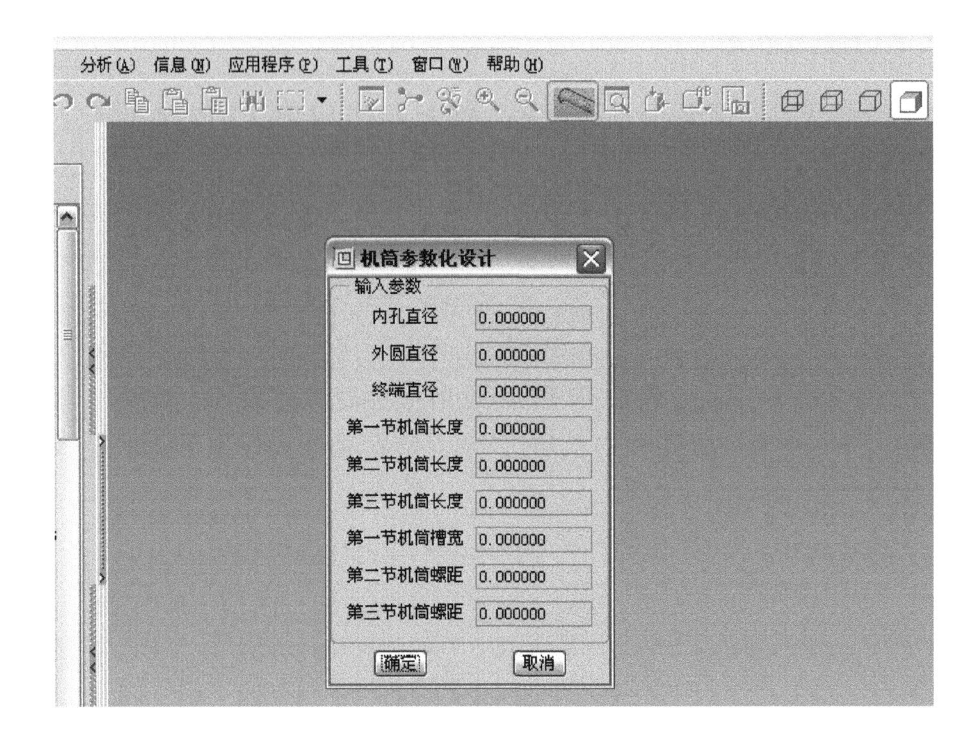

图 5-6 机筒对话框界面

根据螺杆与机筒参数化设计的对话框界面，编写相应的对话框资源文件，其中，螺杆资源文件的主要内容如下：其中，luogan 为对话框文件的名称，也是这个对话框在 Pro/TOOLKIT 应用程序中的标识；Components 声明部分列出该对话框所包含的所有控件的类型和控件标识名称；Resource 声明部分主要进行各种属性的定义，包括对话框整体属性定义、各控件属性定义、各控件相对位置的布局属性定义；Grid 声明包括了对行、列和控件列表的声明；SubLayout 是嵌套在整体布局中的子布局。

```
Dialog luogan
    (Components
        (PushButton                                   Ok)
        (PushButton                                   Cancel)
        (SubLayout Layout)
    )
```

```
        ……
Resources
        (Ok. Label                          "确定")
        (Ok. TopOffset 4)
        (Ok. BottomOffset 4)
        (Ok. LeftOffset 4)
        (Ok. RightOffset4)
        ……
. Layout
        Grid (Rows 1 1 1 1 1 1 1 1 1 1 1 1 1 ) (Cols 1 1)
bidalabel
bida
cdepthlabel
cdepth
        ……
```

5.3.5 创建 Pro/TOOLKIT 应用程序

从总体上来说，Pro/TOOLKIT 应用程序结构可以分为三个部分：头文件包含部分、用户初始化函数部分和用户结束中断函数部分。

头文件包含部分即应用程序包含文件部分，也就是指定 Pro/TOOLKIT 应用程序所使用对象函数的原型文件。每个 Pro/TOOLKIT 应用程序都必须包括的头文件是："Pro/TOOLKIT. h"。如果使用了 Pro/TOOLKIT 对象函数，则应包含该函数原型的头文件（. h 文件），否则在编译文件时，会出现编译器不能对函数参数类型进行检查的错误。

Pro/TOOLKIT 应用程序的核心是用户初始化函数 user_initialize（）和用户中断函数 user_terminate（）。在启动和结束 Pro/TOOLKIT 应用程序时调用它们。user_initialize（）函数用来初始化 Pro/TOOLKIT 应用程序且创建图形窗口。该函数包含应用程序的所有初始化进程，包括对 PRO/E 菜单的修改、对话框的增添、窗口信息初始化等操作。若此函数的返回值为零，则表明 Pro/TOOLKIT 应用程序初始化成功。其他返回值均说明程序有错误，系统会加以相应的错误代码说明。user_terminate（）是用户结束中断函数，用其结束 Pro/TOOLKIT 应用程序的执行。

根据功能要求首先编写菜单程序和对话框程序，然后通过函数将两程序连接，实现参数的传递。螺杆的参数化设计程序的核心文件如下：

```
//头文件
#include "ProToolkit. h"
#include "ProMenu. h"
#include "ProParameter. h"
#include "ProUtil. h"
#include "ProMdl. h"
#include "ProNote. h"
……
//函数声明
void luogan( );
void luoganfunc1( );
void luoganOK( char * ,char * ,ProAppData data);
……
//用户初始化函数
int user_initialize ( )
{
    luogan( );
    return(0);
}
//用户结束中断函数
void user_terminate( )
{
    return;
}
//在工具条添加命令图标函数
void luogan( )
……
//创建螺杆参数输入对话框函数
void luoganfunc1( char *dialog,char *component,
ProAppData data)
……
```

```
//打开螺杆模型,根据参数实现零件再生函数
void luoganOK( char * dialog,char * component,
ProAppData data)

ProMdl part;
ProParameter param1;
ProParameter param2;
……
```

5.3.6 程序的编译和连接

采用 VC++ 6.0 作为 Pro/TOOLKIT 调试器有两种方法，一种是根据 Makefile 文件直接编译和调试程序；另一种则不需要编写 Makefile 文件，直接由 VC++ 6.0 建立 Pro/TOOLKIT 应用程序项目，并进行编译和连接等工作。

本设计采用了第二种方式实现程序的编译和连接。主要步骤如下：

（1）设置包含头文件的路径；

（2）设置连接所需库文件的路径；

（3）设置连接所需的库文件；

（4）利用 VC 的编译功能，生成可执行程序。

5.3.7 程序的注册和运行

要使应用程序能够集成到 PRO/E 系统中运行，必须制作一个扩展名为 . dat 的注册文件，用该文件进行应用程序的注册。可以采用两种注册方式。

（1）自动注册。将注册文件放在指定的目录下，运行 PRO/E 时将根据注册文件自动注册运行所指定的应用程序，此时要求注册文件的名称必须为 protk. dat。

（2）手动注册。运行 PRO/E 后，在工具菜单下选择辅助应用程序菜单项，然后在对话框中选取注册，指向所要注册的注册文件，启动后便可运行程序。

一个合理的注册文件需要包括以下内容：应用程序名称；程序运行方式；可执行文件路径；资源文件路径；是否允许中止运行程序；版本信息和文件结束标识。本设计的螺杆体的注册文件如下：

```
name        luogan
exec_file   D:\luogan\Debug\luogan.exe
text_dir    D:\luogan\text
STARTUP     exe
revision    24
allow_stop  TRUE
end
```

在PRO/E环境下，利用其辅助应用程序功能注册并运行上述注册文件，程序的运行结果为：

（1）在PRO/E的工具菜单下添加新的按钮：Luogan Design和Jitong Design，该按钮位于辅助应用程序的下方。

（2）在工具菜单的定制对话框中，命令选项卡的外部应用程序组出现螺杆参数化设计和机筒参数化设计图标。

（3）将图标拖至工具条的某个位置，点击按钮，进入参数化驱动对话框，输入相应的参数，生成与参数一致的模型。

5.4 流道模型的获得

PRO/E软件提供了自底向上设计与自上而下设计两种设计方法，为了实现流道模型的变参数快速建模，本研究采用了自上而下的设计方法，这种方法是从产品构成的最顶层开始，把组成整机的部件作为系统的一个零件来考虑，并根据其在产品中的相互位置关系，把所起的作用和实现功能等，建立产品构成的二维Layout布局和三维图形。通过给定设计约束条件、关键的设计参数等设计信息，集中地捕捉产品整机设计意图，自上而下地传递所需设计信息，展开整个设计过程。

Layout实现自动装配的原理是在布局文件中绘制一些必要的基准元素（基准平面、基准轴、基准点、坐标系），并分别赋予它们唯一的命名，再将要相互装配的两个零件声明到这个布局文件里，把两个零件里要重合/对齐的基准元素都命名为布局文件里的基准元素的名字，装配时，系统发现两个零件都声明到同一个布局文件时，就自动检查是否存在三个相同的基准名（两个零件各一个、布局文件中一个），如果有，即提示可以自动装配，如果接受自动装配，则系统将两个零件中的同名基准对齐/重合，成为一个约束。

当两个零件具有足够的约束时，相互位置就确定了，本研究的布局如图5-7所示，其中，水平的基准平面的作用是将螺杆与机筒的端面对齐，竖直的基准轴的作用是将螺杆与机筒的轴线重合。

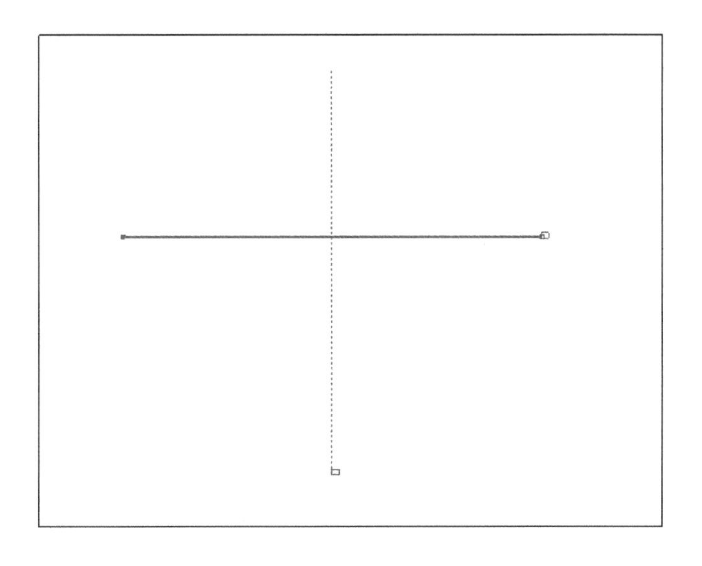

图5-7　布局图

由于流道基体的模型较为简单，仅需要一个旋转特征，所以只需在PRO/E中按照前节螺杆和机筒的参数对其建模。流道的基体模型如图5-8所示。

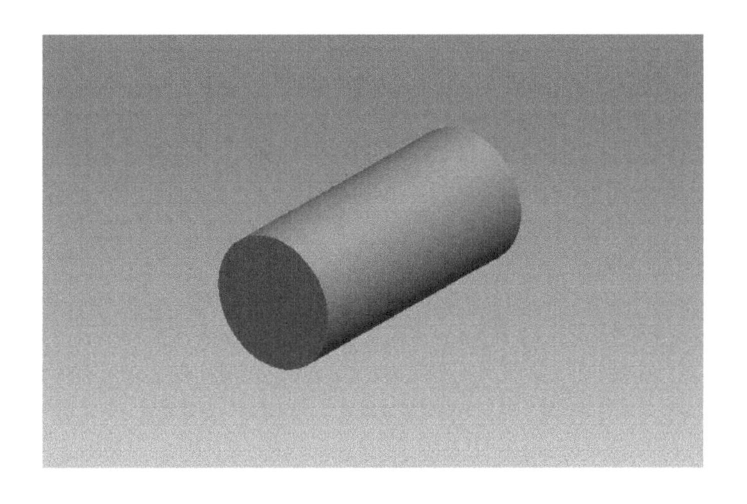

图5-8　流道的基体模型

将基体与螺杆、机筒运用布局进行自动化装配，并利用 PRO/E 的合并功能，得到流道的真实模型，如图 5-9 所示。

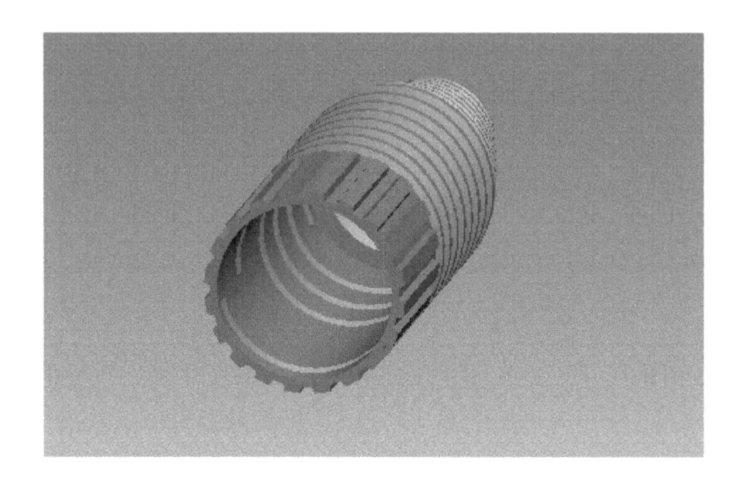

图 5-9 流道的真实模型

6 结论与展望

挤压膨化技术在秸秆处理中的应用为秸秆资源利用的合理化提供了基础，而秸秆挤压膨化机的工作性能是影响秸秆处理质量的重要因素。通过对挤压膨化腔流道的建模与流场的分析，可以拓宽挤压膨化领域的理论研究，为膨化机的试验研究和设计制造奠定基础，进而提高膨化设备的生产效率和加工质量。本书结合工程实际的需要，将计算机辅助设计与计算机辅助分析技术应用于秸秆挤压膨化机的设计分析，以 PRO/E 和 ANSYS 软件为平台，将虚拟现实技术与农业机械设备的研究有机结合，对剖分式秸秆挤压膨化机进行部件分析与流道建模，并结合挤压膨化过程中的流场的分析结果，提出优化建议，不仅为膨化机的设计提供了理论基础，而且在 PRO/E 二次开发和 ANSYS/FLOTRAN 分析理论中具有一定的指导意义。

通过研究，本书主要得出了以下结论。

（1）在深入研究剖分式挤压膨化机的组成及部件结构的基础上，运用三维实体造型软件 PRO/E，分别建立了组成螺杆与机筒的各零件模型并进行了装配，得到了螺杆与机筒的参数化模型，并且通过装配流道基体、螺杆与机筒，实现了流道的实体建模。

（2）运用 ANSYS/FLOTRAN 分析模块，对膨化机流道进行数值模拟，得到了流道内的压力分布、温度分布及速度分布等值线，并结合分析结果，给出了设计中的优化建议。

（3）探讨了 PRO/E 二次开发技术，根据螺杆、机筒及流道模型的特点，针对其参数化建模要求，提出了最佳的参数化设计方法。

（4）在 VC++ 6.0 平台下，运用 Pro/TOOLKIT 二次开发功能，成功地实现了螺杆与机筒的参数化建模，进而达到了对流道参数化建模的目的，为螺杆与机筒的优化设计提供了方便，也为流道的数值模拟与分析奠定了基础。

对秸秆挤压膨化机的研究涉及的知识面很广，由于时间和硬件条件的限制，本书还有很多方面有待于进一步完善和深化，在此对更深一步的工作研究进行展望分析。

（1）对螺杆、机筒等部件的参数优化。挤压膨化类设备的设计参数主要依赖于经验，缺乏具体的理论指导，而我们在建模及分析时，重点对膨化机的结构进行了优化分析，希望进一步对机器的具体参数值进行优化。

（2）在分析流道的压力、温度及速度的过程中，我们假定了物料的物性参数保持不变，这与实际状况是有差异的。此后的工作可以把物性参数的变化考虑在内，分段对流道进行分析研究。

（3）我们运用 PRO/E 二次开发技术生成的螺杆和机筒均属单个零件，而实际中，二者为装配体，在生产中，需要以其为基础再次生成相应的零件模型。因此，实现对螺杆和机筒装配体的参数化建模，并能够同时生成单个零件会提供更大的应用价值。

参考文献

[1] 陈劼，王粟．黑龙江省农作物秸秆的综合利用研究［J］．农业工程技术，2023，43（22）：61-62.

[2] 陈琳．农作物秸秆资源综合利用的战略研究［D］．南京：南京林业大学，2007.

[3] 陈龙，刘小玲，陈敏，等．秸秆和粪污资源化利用概述［J］．再生资源与循环经济，2024，17（2）：24-27.

[4] 陈鹏，曾建谋，王文涛，等．基于Pro/Toolkit二次开发的参数化程序设计［J］．机电工程技术，2005（6）：78-81.

[5] 陈鑫．秸秆膨化机螺杆结构优化与耐磨性研究［D］．沈阳：东北大学，2020.

[6] 陈仪先．膨化机螺杆磨损失效机理分析及制造材料研究［J］．武汉食品工业学院学报，1994（4）：44-48.

[7] 单泉，陈砚，汪殿龙．PRO/ENGINEER中文版Wildfire 4.0参数化设计从入门到精通［M］．北京：机械工业出版社，2008.

[8] 翟锰钢，郝长中．基于Pro/Toolkit的齿轮自动建模技术［J］．本溪冶金高等专科学校学报，2003（4）：1-3.

[9] 丁建梅，迟鹏新，姜鹏，等．秸秆膨化机关键部件的设计与研究［J］．森林工程，2021，37（1）：32-37.

[10] 杜源．膨化机模具出料均匀性及饲料加工参数优化研究［D］．扬州：扬州大学，2023.

[11] 高丽红，赵鑫鹏，周青波，等．秸秆高附加值工业应用现状［J］．安徽农业科学，2024，52（5）：1-6，10.

[12] 郭波，邹丽梅，钱学毅．Pro/E与ANSYS若干模型数据的转换方式［J］．机械工程师，2006（9）：117-119.

[13] 郭宪峰，吴德胜．挤压膨化机工艺参数及其控制概述［J］．粮油加工，2007（4）：72-75.

[14] 韩进．组合式双螺杆挤压膨化机设计及有限元分析［D］．沈阳：沈阳化工大学，2018.

[15] 侯传亮．双螺杆挤压机在农产品加工中的应用［J］．农业装备与车辆工程，2006（7）：6-8.

[16] 胡华中，陈立，杨艳艳．血粉膨化机温度控制系统的研究［J］．农机化研究，2005（3）：72-74.

[17] 季冰，陆俐俐，陈俊强，等．油料挤压膨化机的改进与应用［J］．粮食与食品工业，2016，23（4）：39-41.

[18] 蒋长兴．谷物膨化食品加工参数研究［D］. 咸阳：西北农林科技大学，2005.

[19] 金基浩．农作物秸秆综合利用技术［J］. 农村实用技术，2023（4）：122-124.

[20] 李爱芹．秸秆气化技术对秸秆能源化利用的有效提高分析［J］. 农业与技术，2021，41（18）：75-77.

[21] 李枫华．双螺杆秸秆膨化机振动特性研究［D］. 沈阳：沈阳工业大学，2022.

[22] 李萍，左迎峰，吴义强，等．秸秆人造板制造及应用研究进展［J］. 材料导报，2019，33（15）：2624-2630.

[23] 李世国．Pro/TOOLKIT 程序设计［M］. 北京：机械工业出版社，2003.

[24] 李莹．三螺杆秸秆膨化机的研究［D］. 沈阳：沈阳工业大学，2021.

[25] 厉龙，虎雪姣，施安，等．农作物秸秆饲料化利用技术的研究进展［J］. 中国畜牧业，2024（5）：21-22.

[26] 刘畅，孟倩楠，刘晓飞，等．挤压膨化技术及其应用研究进展［J］. 饲料研究，2021，44（4）：137-140.

[27] 刘大川．挤压膨化技术在油脂工业上的应用［J］. 黑龙江粮油科技，2000（4）：58-60.

[28] 刘建胜．我国秸秆资源分布及利用现状的分析［D］. 北京：中国农业大学，2005.

[29] 刘天印，陈存社．挤压膨化食品生产工艺与配方［M］. 北京：中国轻工业出版社，1999.

[30] 刘晓强．挤压机螺杆与机筒磨损的分析［J］. 机械工程与自动化，2007（5）：179-181.

[31] 柳本民，黄艳华．三维实体建模在工程设计中的应用［J］. 新疆石油学院学报，2003（4）：75-78，84.

[32] 鲁金莹．基于 Smith 模糊 PID 的秸秆膨化机温度控制系统研究［D］. 湖州：湖州师范学院，2022.

[33] 罗维芳．秸秆能源化利用技术探讨［J］. 农业科技与信息，2020（5）：48-49.

[34] 罗学刚，陶杨．植物秸秆电磁感应辅助加热挤压膨化技术研究［J］. 纤维素科学与技术，2005（3）：7-13.

[35] 马彩云．玉米秸秆资源化利用及制备生物乙醇的预处理研究［C］//2023 年有机固废处理与资源化利用大会论文集. 中国环境科学学会、同济大学、清华大学，中国环境科学学会，2023：5.

[36] 马骏驰．基于 ANSYS 的机械通风温室内流场及温度场的数值模拟［D］. 武汉：华中农业大学，2006.

[37] 孟祥凯．基于虚拟技术的挤压膨化机的优化设计［D］. 武汉：武汉轻工大学，2014.

[38] 潘越，李思宇，高捷，等．秸秆及其还田方式对不同轮作模式下稻田土壤性质影响的研究进展 [J]. 作物杂志，2024（2）：1-8.
[39] 裘一冰，鲁长根．浙江省农作物秸秆综合利用主推技术秸秆基料化利用技术 [J]. 新农村，2018（7）：20.
[40] 沈正荣．挤压膨化技术及其应用概况 [J]. 食品与发酵工业，2000（5）：74-78.
[41] 谭睿．玉米秸秆固化成型试验台设计 [D]. 沈阳：沈阳农业大学，2022.
[42] 唐庆菊，李纪强，周平．基于 ANSYS 的食品双螺杆挤出机流场数值模拟 [J]. 机械设计与制造，2007（12）：94-95.
[43] 汪沐．单螺杆和双螺杆挤压膨化机的一般比较 [J]. 饲料工业，2006（23）：5-8.
[44] 王宏立，梁春英，杨天维．SP-25 型秸秆膨化机的研制 [J]. 农机化研究，2004（1）：168-169.
[45] 王宏立，杨天维，张祖立．秸秆挤压膨化技术 [J]. 农产品加工，2003（6）：27-34.
[46] 王宏立，张祖立，白晓虎．基于 MATLAB 的膨化机结构工艺参数的最优化设计 [J]. 食品与机械，2003（4）：28-29.
[47] 王宏立，张祖立．挤压膨化技术在秸秆饲料加工的应用 [J]. 农村新技术，2008（16）：43-44.
[48] 王会然，李宗军．螺杆挤压机及其应用研究现状 [J]. 食品工业，2011，32（10）：99-102.
[49] 王婷，王琰鑫，王晓涵，等．挤压膨化技术在食品工业的研究进展 [J]. 食品工程，2022（4）：16-20.
[50] 王轩，侯岩．秸秆固化成型生产线应用技术研究 [J]. 中国设备工程，2021（3）：205-206.
[51] 王永胜，刘荣．生物质秸秆转化利用技术研究进展 [J]. 贵州农业科学，2018，46（12）：149-153.
[52] 魏勇，邬向伟，周文洲．基于 Solid Works 二次开发技术的渐开线齿轮参数化设计 [J]. 煤矿机械，2009，30（6）：194-195.
[53] 魏云丰，孟庆福，董德君．秸秆挤压膨化机的试验研究 [J]. 农机化研究，2005（3）：198-199.
[54] 魏宗平．挤压膨化技术及设备的现状与发展 [J]. 宝鸡文理学院学报（自然科学版），2000（2）：157-160.
[55] 吾娜，夏里拜提·阿布都克里木．玉米秸秆还田现状及发展 [J]. 种子科技，2023，41（18）：133-135.
[56] 吴锦圃．国外在挤压膨化机方面的创新 [J]. 粮食与饲料工业，2008（8）：30-32.

[57] 吴运生. 螺旋式食品膨化机的结构设计 [J]. 中国油脂，1992 (2)：2-6.

[58] 徐海霞. 农作物秸秆机械化综合利用探讨 [J]. 南方农机，2023，54 (24)：81-83.

[59] 徐英英，王红英，李军国. 9SJP-20 型秸秆揉切挤压机的研制 [J]. 农机化研究，2006 (7)：86-88.

[60] 薛胜火，杨福昌，吕柏源. 基于 Pro/E 与 ANSYS 的橡胶挤出机螺杆强度的分析 [J]. 青岛科技大学学报 (自然科学版)，2007 (2)：155-157.

[61] 杨明军，董亚卓，汪黎. C++实用培训教程 [M]. 北京：人民邮电出版社，2002.

[62] 杨绮云，孙新国. ANSYS 在食品双螺杆挤出机理论分析中的应用 [J]. 哈尔滨商业大学学报 (自然科学版)，2005 (2)：202-205.

[63] 杨铁牛，石彩华. 挤出过程温度场的 CAE 研究 [J]. 计算机辅助工程，2006 (S1)：379-381.

[64] 杨煜，赵东洋. 环保型秸秆人造板研究与应用 [J]. 化纤与纺织技术，2023，52 (6)：16-18.

[65] 姚爱萍，朱一丹，童一宁，等. 农业废弃物资源化利用路径研究 [J]. 农业开发与装备，2023 (12)：97-99.

[66] 于妍. 凤城市秸秆基料化综合利用推广 [J]. 农机使用与维修，2022 (3)：113-115.

[67] 张洪信，赵清海. ANSYS 有限元分析完全自学手册 [M]. 北京：机械工业出版社，2008.

[68] 张继春. PRO/ENGINEER 二次开发实用教程 [M]. 北京：北京大学出版社，2003.

[69] 张敏，孙胜，贾玉玺，等. 聚合物挤出过程中的数值模拟技术 [J]. 高分子通报，2006 (3)：52-57.

[70] 张茜. 膨化技术在发酵食品中的研究与应用 [J]. 食品工程，2022 (1)：20-23.

[71] 张文举，王加启，龚月生，等. 秸秆饲料资源开发利用的研究进展 [J]. 国外畜牧科技，2001 (3)：15-18.

[72] 张旭，邢思文，吴玉德. 不同秸秆还田方式对农田生态环境的影响综述 [J]. 江苏农业科学，2023，51 (7)：31-39.

[73] 张雪峰. 挤压膨化机典型部件结构设计及强度分析研究 [D]. 淄博：山东理工大学，2011.

[74] 张艳明，娜日娜. 单螺杆式挤压膨化机的使用特性解析 [J]. 江西饲料，2019 (1)：5-6，11.

[75] 张裕中，戴宁. 食品物料在双螺杆挤压机中流动状态分析 [J]. 包装与食品机械，2000 (5)：7-10.

[76] 张祖立，刘晓峰，张本华，等．农作物秸秆膨化机加工性能试验研究［J］. 沈阳农业大学学报，2001（6）：429-432.

[77] 赵凤芹，申德超，刘远洋，等．挤压膨化对玉米秸秆中粗纤维含量的影响［J］. 东北农业大学学报，2008（3）：105-109.

[78] 郑贤．单螺杆膨化机中螺杆与机筒的设计研究［J］. 安徽农学通报（上半月刊），2010，16（5）：164-165.

[79] 朱向哲，奚文．三螺杆挤压机熔体输送段功耗特性的数值分析［J］. 农业机械学报，2009，40（5）：119-123.

[80] 诸德宏，李凤祥．螺杆挤压机压力控制系统研究［J］. 机械与电子，2002（3）：60-61，73.

[81] 邹岚，白洪涛．EXT 单螺杆自热膨化机功热转化分析［J］. 农业工程学报，2007（8）：126-129.

[82] 吉林省农业机械化管理中心．DG/T 142—2019 秸秆膨化机［S］. 中华人民共和国农业农村部，2019.

[83] 辽宁省农业机械化发展中心．DB21/T 3148—2019 秸秆膨化机作业质量［S］. 辽宁省市场监督管理局，2019.

[84] 辽宁省农业机械化研究所，辽宁祥和农牧实业有限公司，辽宁现代农机装备有限公司，等．DB21/T 3324—2020 螺杆挤压式秸秆膨化机技术条件［S］. 辽宁省市场监督管理局，2020.

[85] Bruce Tilton，Robert Sigal，Umesh Ratnam. Designing and Rating Process Heat Exchangers［J］. Chemical Processing，1998，61（4）：65-76.

[86] Chatterjee，Dutta. Metabolism of buty1 benzy1 phthalate by Gordonia sp. strain MTCC4818［J］. Biochemical and Biophysical Research Communications，2003，309：36-43.

[87] Cindi-B-de，Gabriele-D. Filed snack production by co-extrusion-cooking：2. Effect of processing on cereal mixtures［J］. Jounral-of-Food-Engineering，2002，54（1）：63-73.

[88] Giovanni Cortella，Marco Manzan，Giannia Comini. CFD simulation of refrigerated display cabinets［J］. International Journal of Refrigeration，2001（24）：250-251.

[89] Guha Manisha，Zakiuddin Ali Syed，Bhattacharya，et al. Twin-screw extrusion of rice flour without a die：effect of barrel temperature and screw speed on extrusion and extrudate characteristics［J］. Journal of Food Engineering，1997，32（3）：251-267.